Jarnail Singh
Kaushal Kumar
Paramvir Yadav

Fundamentos da cerâmica

Jarnail Singh
Kaushal Kumar
Paramvir Yadav

Fundamentos da cerâmica

ScienciaScripts

Cover image: www.ingimage.com

This book is a translation from the original published under ISBN 978-620-7-65352-2.

Publisher:
Sciencia Scripts
is a trademark of
Dodo Books Indian Ocean Ltd. and OmniScriptum S.R.L publishing group

120 High Road, East Finchley, London, N2 9ED, United Kingdom
Str. Armeneasca 28/1, office 1, Chisinau MD-2012, Republic of Moldova, Europe
Printed at: see last page
ISBN: 978-620-7-96836-7

Índice

Prefácio

Através da lente da história, da arte e da ciência, descobrimos a magia do barro - o humilde material que se transforma, sob as mãos de artesãos qualificados, em objectos de beleza e significado. Exploramos as inúmeras formas e funções da cerâmica, desde a olaria quotidiana às obras-primas escultóricas, desde a porcelana delicada ao grés robusto.

Este livro pretende ser não só uma celebração da cerâmica, mas também um convite para explorar, criar e apreciar. Quer seja um artista de cerâmica experiente, um colecionador entusiasta ou simplesmente um observador curioso, que estas páginas despertem a sua imaginação e aprofundem o seu apreço pela arte intemporal da cerâmica.

Capítulo 1:
Introdução à cerâmica

1.1 Definição e classificação da cerâmica

As cerâmicas, derivadas da palavra grega "keramos" que significa olaria, constituem uma classe diversificada de materiais inorgânicos e não metálicos que apresentam uma vasta gama de propriedades e aplicações. Estes materiais são normalmente compostos por elementos metálicos e não metálicos ligados entre si através de ligações iónicas ou covalentes, formando uma estrutura em rede com fortes interações atómicas ou iónicas. A definição exacta de cerâmica varia consoante o contexto, mas é normalmente caracterizada pela sua dureza, fragilidade e resistência a altas temperaturas.

As cerâmicas podem ser classificadas com base na sua composição, estrutura e aplicação. Uma classificação comum divide as cerâmicas em cerâmicas tradicionais e cerâmicas avançadas. A cerâmica tradicional, também conhecida como louça branca ou cerâmica a granel, inclui produtos como cerâmica, tijolos, azulejos e materiais refractários. Estes materiais baseiam-se frequentemente em minerais de argila e são moldados e cozidos a altas temperaturas para obter as propriedades desejadas.

A cerâmica avançada, por outro lado, engloba uma vasta gama de materiais de elevado desempenho concebidos para aplicações específicas. Esta categoria inclui a cerâmica de engenharia, a cerâmica eletrónica, a bio-cerâmica e os compósitos cerâmicos. As cerâmicas de engenharia caracterizam-se pelas suas propriedades mecânicas excepcionais e são utilizadas em aplicações exigentes, como ferramentas de corte, rolamentos e armaduras. As cerâmicas electrónicas apresentam propriedades eléctricas, magnéticas e ópticas únicas, tornando-as componentes essenciais em dispositivos como condensadores, sensores e semicondutores. As bio-cerâmicas são concebidas para aplicações médicas, como implantes, próteses e suportes de engenharia de tecidos. Os compósitos cerâmicos combinam matrizes cerâmicas com fases de reforço para obter uma resistência, dureza e estabilidade térmica superiores.

Outro esquema de classificação para as cerâmicas distingue entre cerâmicas de óxido, cerâmicas não óxidas e cerâmicas compostas. As cerâmicas de óxidos são compostas principalmente por átomos de oxigénio e metal, com exemplos comuns que incluem a alumina (Al2O3), a zircónia (ZrO2) e a sílica (SiO2). As cerâmicas não óxidas, por outro lado, são constituídas por elementos não metálicos, tais como carbonetos, nitretos e boretos. O carboneto de silício (SiC), o nitreto de silício (Si3N4) e o carboneto de boro (B4C) são exemplos proeminentes de cerâmicas não óxidas. As cerâmicas compósitas combinam diferentes fases cerâmicas ou incorporam reforços não cerâmicos para melhorar o desempenho e adaptar as propriedades.

1.2 Antecedentes históricos e importância

A história da cerâmica remonta a milhares de anos, com provas de cerâmica e artefactos de cerâmica encontrados em sítios arqueológicos de todo o mundo. As primeiras civilizações, incluindo os mesopotâmicos, os egípcios, os chineses e os gregos, utilizavam a cerâmica para vários fins, tais como recipientes para cozinhar, recipientes de armazenamento e objectos decorativos. O desenvolvimento das técnicas de cerâmica permitiu avanços na agricultura, no comércio e no intercâmbio cultural, contribuindo para o progresso da civilização humana.

Um dos avanços mais significativos na tecnologia cerâmica ocorreu durante o período Neolítico, com a descoberta da cerâmica de barro cozido. Esta inovação revolucionou a sociedade humana ao fornecer recipientes duráveis e versáteis para armazenar alimentos, água e outros bens. Ao longo do tempo, as técnicas de cerâmica evoluíram, levando à produção de artigos de cerâmica mais refinados e complexos, frequentemente adornados com motivos decorativos e esmaltes.

Os antigos egípcios e mesopotâmicos foram os pioneiros na utilização da cerâmica em aplicações arquitectónicas, construindo estruturas como fornos e tijolos a partir de barro cozido. Na China, a invenção da porcelana, um tipo de cerâmica de alta cozedura conhecida pela sua translucidez e resistência, constituiu um marco na história da cerâmica. As técnicas de produção da porcelana eram segredos bem guardados e a porcelana chinesa tornou-se muito procurada no comércio internacional, influenciando a arte, a cultura e o comércio em todos os continentes.

Durante a Revolução Industrial, a cerâmica experimentou um ressurgimento à medida que os avanços na ciência dos materiais e nos processos de fabrico permitiram a produção em massa de cerâmica para aplicações industriais. O desenvolvimento de materiais refractários, tijolos isolantes e cerâmicas sanitárias impulsionou o crescimento de indústrias como a metalurgia, a fabricação de vidro e o processamento químico.

No século XX, o aparecimento de cerâmicas avançadas abriu novas fronteiras na tecnologia e na engenharia. A invenção de isoladores cerâmicos à base de alumina revolucionou a transmissão de energia eléctrica, enquanto que os revestimentos e catalisadores cerâmicos encontraram uma utilização generalizada em aplicações automóveis, aeroespaciais e ambientais. A integração da cerâmica em dispositivos electrónicos, implantes médicos e componentes de alto desempenho expandiu ainda mais o papel da cerâmica na sociedade moderna.

Atualmente, as cerâmicas continuam a desempenhar um papel vital em diversos domínios, desde a indústria aeroespacial e da defesa até aos cuidados de saúde e às energias renováveis. A versatilidade, a durabilidade e as propriedades personalizadas das cerâmicas tornam-nas materiais indispensáveis para aplicações que exigem elevado desempenho, fiabilidade e sustentabilidade.

1.3 Propriedades básicas da cerâmica

As cerâmicas apresentam uma combinação única de propriedades que as distinguem de outros materiais, tornando-as adequadas para uma vasta gama de aplicações. Compreender estas propriedades é essencial para a conceção e engenharia de materiais cerâmicos para satisfazer requisitos de desempenho específicos.

1.3.1 Propriedades mecânicas:

- Resistência: As cerâmicas são materiais inerentemente fortes, com elevada resistência à compressão, o que lhes permite suportar cargas pesadas e tensões mecânicas. No entanto, são frequentemente frágeis e propensas a fraturar sob forças de tração ou de corte.
- Dureza: Apesar da sua elevada resistência, as cerâmicas apresentam tipicamente uma baixa tenacidade, o que significa que são susceptíveis de uma falha catastrófica sem aviso prévio. São utilizadas estratégias como a inibição de fissuras e mecanismos de endurecimento para melhorar a tenacidade da cerâmica.

- Dureza: As cerâmicas são conhecidas pela sua excecional dureza e resistência ao desgaste e à abrasão. Esta propriedade torna-as adequadas para aplicações que requerem materiais duráveis e resistentes a riscos, tais como ferramentas de corte e abrasivos.
- Fragilidade: Uma das caraterísticas que definem as cerâmicas é a sua fragilidade, que se refere à sua tendência para fraturar sem deformação plástica significativa. A fratura frágil ocorre quando a tensão aplicada excede a resistência à fratura do material, levando a uma rápida propagação da fenda.

1.3.2 Propriedades térmicas:

- Expansão térmica: As cerâmicas apresentam baixos coeficientes de expansão térmica, o que significa que se expandem ou contraem minimamente em resposta a alterações de temperatura. Esta propriedade é crucial para aplicações que requerem estabilidade dimensional numa vasta gama de temperaturas.
- Condutividade térmica: A condutividade térmica das cerâmicas varia consoante a composição e a microestrutura, mas é geralmente inferior à dos metais e ligas. As cerâmicas são frequentemente utilizadas como materiais isolantes para minimizar a transferência de calor e manter o isolamento térmico.
- Calor específico: As cerâmicas têm normalmente elevadas capacidades de calor específico, o que significa que podem absorver e armazenar grandes quantidades de calor por unidade de massa. Esta propriedade é vantajosa para aplicações que envolvam amortecimento térmico e gestão de calor.

1.3.4 Propriedades eléctricas:

- Isolamento elétrico: Muitas cerâmicas apresentam excelentes propriedades de isolamento elétrico, o que as torna materiais ideais para aplicações eléctricas e electrónicas que requerem elevada rigidez dieléctrica e baixa condutividade eléctrica. Os exemplos incluem condensadores, isoladores e substratos cerâmicos.
- Constante dieléctrica: As cerâmicas com constantes dieléctricas elevadas são utilizadas em condensadores e outros componentes electrónicos para armazenar e manipular a energia

eléctrica. Os materiais dieléctricos também desempenham um papel crucial na propagação de ondas electromagnéticas e na transmissão de sinais.

- Piezoeletricidade: Certas cerâmicas possuem propriedades piezoeléctricas, o que significa que geram uma carga eléctrica em resposta a um esforço mecânico ou vice-versa. Os materiais piezoeléctricos são utilizados em sensores, actuadores e transdutores para medir e converter a energia mecânica em sinais eléctricos.

1.3.5 Propriedades ópticas:

- Transparência: Algumas cerâmicas, como o quartzo e a safira, apresentam transparência à luz visível e ultravioleta, o que as torna adequadas para componentes ópticos e janelas. As cerâmicas transparentes são também utilizadas em sistemas laser, sensores ópticos e dispositivos fotónicos.
- Opacidade: Outras cerâmicas, particularmente óxidos e materiais não óxidos, são opacas ou translúcidas devido à sua estrutura cristalina e mecanismos de dispersão da luz. As cerâmicas opacas encontram aplicações em componentes estruturais, revestimentos refractários e artes decorativas.
- Cor: A cerâmica pode ser projectada para exibir uma vasta gama de cores e acabamentos de superfície através da adição de pigmentos, corantes ou esmaltes. As técnicas de coloração, como o vidrado cerâmico e a dispersão de pigmentos, são utilizadas para obter os efeitos estéticos desejados em cerâmica, azulejos e cerâmica arquitetónica.

Capítulo 2:

Estrutura e Propriedades da Cerâmica

As cerâmicas representam uma classe diversificada de materiais com estruturas atómicas únicas e uma vasta gama de propriedades que as tornam indispensáveis em várias indústrias. Compreender a disposição atómica, a cristalografia e as propriedades das cerâmicas é essencial para a sua conceção, processamento e aplicações. Nesta discussão abrangente, iremos aprofundar a estrutura atómica, a ligação, a cristalografia, os diagramas de fase e as propriedades mecânicas, térmicas, eléctricas, magnéticas e ópticas das cerâmicas.

2.1 Estrutura atómica e ligações em cerâmica

A estrutura atómica das cerâmicas desempenha um papel fundamental na determinação das suas propriedades e comportamento. As cerâmicas são normalmente compostas por elementos metálicos e não metálicos ligados entre si através de uma variedade de mecanismos de ligação. A natureza destas ligações influencia significativamente as propriedades mecânicas, térmicas, eléctricas e ópticas das cerâmicas.

1. **Ligação iónica**: Muitas cerâmicas apresentam ligações iónicas, em que iões metálicos com carga positiva (catiões) são atraídos electrostaticamente por iões não metálicos com carga negativa (aniões). Este tipo de ligação é predominante nos óxidos, como a alumina (Al2O3), a sílica (SiO2) e a magnésia (MgO). As ligações iónicas são fortes e direcionais, contribuindo para a estabilidade e para os elevados pontos de fusão dos materiais cerâmicos.
2. **Ligação covalente**: As cerâmicas não óxidas apresentam frequentemente ligações covalentes, em que os átomos partilham pares de electrões para formar uma rede de ligações químicas fortes. O carboneto de silício (SiC), o nitreto de silício (Si3N4) e o carboneto de boro (B4C) são exemplos de cerâmicas com ligações covalentes. As ligações covalentes conferem a estes materiais uma dureza, estabilidade térmica e resistência química excepcionais.
3. **Ligação metálica**: Algumas cerâmicas podem apresentar ligações metálicas, em que os electrões são deslocalizados através da rede cristalina, dando origem a um mar de electrões

móveis que facilitam a condutividade eléctrica. A ligação metálica é tipicamente observada em cerâmicas que contêm metais de transição ou elementos metalóides.

4. **Forças de Van der Waals e ligações de hidrogénio**: Para além dos mecanismos de ligação primária, as cerâmicas podem também apresentar interações de ligação secundária, tais como forças de van der Waals e ligações de hidrogénio, particularmente em cerâmicas em camadas ou moleculares.

Compreender a estrutura atómica e as ligações nas cerâmicas é essencial para prever as suas propriedades mecânicas, térmicas e eléctricas, bem como a sua resposta a estímulos externos como a temperatura, a pressão e os campos electromagnéticos.

2.2 Cristalografia e diagramas de fase

A cristalografia é o ramo da ciência que estuda a disposição dos átomos em materiais cristalinos. As cerâmicas podem apresentar uma variedade de estruturas cristalinas, incluindo cúbica, tetragonal, ortorrômbica, hexagonal e monoclínica, dependendo de factores como a composição, as condições de processamento e a temperatura. As técnicas cristalográficas, como a difração de raios X (DRX) e a microscopia eletrónica, são normalmente utilizadas para determinar a estrutura cristalina e a simetria das cerâmicas.

Os diagramas de fase fornecem informações valiosas sobre o comportamento das fases da cerâmica em função da temperatura, pressão e composição. Um diagrama de fases consiste normalmente num ou mais eixos que representam variáveis termodinâmicas, como a temperatura e a composição, com regiões correspondentes a diferentes fases ou estados da matéria (por exemplo, sólido, líquido, gás). Os diagramas de fase são essenciais para compreender os equilíbrios de fase, as transformações de fase e a estabilidade de fase em sistemas cerâmicos.

1. **Diagramas de fase binária**: Os diagramas de fase binária descrevem o comportamento de fase de cerâmicas compostas por dois componentes. Esses diagramas normalmente exibem regiões correspondentes a regiões monofásicas, regiões bifásicas e pontos invariantes onde múltiplas fases coexistem em equilíbrio. As transformações de fase, como a fusão, a solidificação e a separação de fases, podem ser previstas e analisadas com base em diagramas de fase binários.

2. **Diagramas de fase ternários e de ordem superior**: Os diagramas de fase ternários e de ordem superior são construídos para sistemas cerâmicos que envolvem três ou mais componentes. Estes diagramas fornecem informações sobre equilíbrios de fase, estabilidade de fase e transformações de fase em materiais cerâmicos complexos. Os diagramas de fase ternários são particularmente úteis para compreender os sistemas cerâmicos multicomponentes utilizados na indústria e na investigação.

A cristalografia e os diagramas de fase são ferramentas essenciais para compreender a estrutura atómica, o comportamento das fases e as propriedades da cerâmica. Ao elucidar a relação entre a composição, a microestrutura e as propriedades, a cristalografia e os diagramas de fase permitem a conceção e a otimização de materiais cerâmicos para aplicações específicas.

2.3 Propriedades mecânicas

As propriedades mecânicas são fundamentais para avaliar o desempenho e a fiabilidade dos materiais cerâmicos em aplicações estruturais, funcionais e de proteção. As principais propriedades mecânicas dos materiais cerâmicos incluem a resistência, a tenacidade, a dureza e a fragilidade.

1. **Resistência**: A resistência refere-se à capacidade de um material suportar cargas aplicadas sem falhar ou deformar. As cerâmicas apresentam normalmente uma elevada resistência à compressão devido às suas fortes ligações atómicas ou iónicas. No entanto, podem ter menor resistência à tração e à flexão do que os metais e os polímeros, o que os torna susceptíveis à fratura frágil sob tensões de tração ou de corte.
2. **Tenacidade**: A tenacidade é uma medida da resistência de um material à fratura sob tensão. As cerâmicas são geralmente consideradas materiais frágeis, o que significa que apresentam baixa tenacidade e tendem a falhar súbita e catastroficamente sem deformação plástica significativa. Estratégias como a conceção microestrutural, o endurecimento de fases e a deflexão de fendas são utilizadas para melhorar a tenacidade das cerâmicas e atenuar a fratura frágil.
3. **Dureza**: A dureza refere-se à resistência do material à indentação ou ao risco. As cerâmicas são conhecidas pela sua excecional dureza e resistência à abrasão, o que as torna adequadas

para aplicações que requerem materiais resistentes ao desgaste, tais como ferramentas de corte, mós e revestimento de armaduras.

4. **Fragilidade**: A fragilidade é uma propriedade caraterística das cerâmicas que descreve a sua tendência para fraturar sem deformação plástica significativa. A fratura frágil ocorre quando a tensão aplicada excede a resistência à fratura do material, levando a uma rápida propagação da fenda e à falha. A fragilidade dos materiais cerâmicos pode ser atribuída a factores como a sua elevada resistência, ligação direcional e ductilidade limitada.

As propriedades mecânicas são influenciadas por factores como a composição, a microestrutura, as condições de processamento e os factores ambientais. Compreender o comportamento mecânico das cerâmicas é essencial para projetar componentes que possam suportar cargas mecânicas, ciclos térmicos e degradação ambiental.

2.4 Propriedades térmicas

As propriedades térmicas da cerâmica são cruciais para aplicações que envolvem altas temperaturas, ciclos térmicos e isolamento térmico. As principais propriedades térmicas das cerâmicas incluem a expansão térmica, a condutividade térmica e o calor específico.

1. **Expansão térmica**: A expansão térmica refere-se à tendência do material para se expandir ou contrair em resposta a alterações de temperatura. As cerâmicas têm normalmente coeficientes de expansão térmica baixos, o que significa que se expandem ou contraem minimamente numa vasta gama de temperaturas. Esta propriedade é desejável para aplicações que requerem estabilidade dimensional e resistência a tensões térmicas.
2. **Condutividade térmica**: A condutividade térmica é uma medida da capacidade do material para conduzir o calor. As cerâmicas têm geralmente baixas condutividades térmicas em comparação com os metais e as ligas, o que as torna excelentes materiais isolantes para a gestão térmica e o isolamento térmico. No entanto, certos materiais cerâmicos, como o carboneto de silício e o nitreto de alumínio, apresentam condutividades térmicas elevadas e são utilizados em aplicações de dissipadores de calor para dissipar o calor de forma eficiente.

3. **Calor específico**: O calor específico refere-se à quantidade de calor necessária para aumentar a temperatura de um material em um grau Celsius por unidade de massa. As cerâmicas têm normalmente elevadas capacidades de calor específico, o que significa que podem absorver e armazenar grandes quantidades de energia térmica. Esta propriedade é vantajosa para aplicações que envolvem amortecimento térmico, transferência de calor e regulação da temperatura.

As propriedades térmicas são influenciadas por factores como a composição, a microestrutura, a porosidade e as condições de processamento. Compreender o comportamento térmico das cerâmicas é essencial para projetar componentes que possam suportar ciclos térmicos, funcionar a altas temperaturas e manter a estabilidade térmica em ambientes exigentes.

2.5 Propriedades eléctricas e magnéticas

As cerâmicas apresentam uma vasta gama de propriedades eléctricas e magnéticas, o que as torna materiais essenciais para aplicações electrónicas, magnéticas e electromagnéticas. As principais propriedades eléctricas e magnéticas das cerâmicas incluem a condutividade eléctrica, a constante dieléctrica, a piezoeletricidade, a ferroeletricidade e o comportamento magnético.

1. **Condutividade eléctrica**: A condutividade eléctrica é uma medida da capacidade do material para conduzir corrente eléctrica. As cerâmicas podem apresentar uma vasta gama de condutividades eléctricas, desde isolantes a semicondutoras e metálicas, dependendo do tipo e da concentração de portadores de carga presentes no material. As cerâmicas isolantes, como a alumina e a sílica, são normalmente utilizadas como isolantes eléctricos em dispositivos electrónicos, sistemas de energia e aplicações de alta tensão.
2. **Constante dieléctrica**: A constante dieléctrica, também conhecida como permissividade relativa, é uma medida da capacidade do material para armazenar energia eléctrica num campo elétrico. As cerâmicas com constantes dieléctricas elevadas são utilizadas em condensadores e outros componentes electrónicos para armazenar e manipular cargas eléctricas. Os materiais dieléctricos desempenham um papel crucial no processamento de sinais, no armazenamento de energia e na propagação de ondas electromagnéticas em sistemas de comunicação e dispositivos electrónicos.

3. **Piezoeletricidade**: A piezoeletricidade é uma propriedade única exibida por certas cerâmicas que geram uma carga eléctrica em resposta a tensão mecânica ou deformação. Os materiais piezoeléctricos, como o titanato de zirconato de chumbo (PZT), o titanato de bário (BaTiO3) e o quartzo, são utilizados em sensores, actuadores, transdutores e colectores de energia para converter energia mecânica em sinais eléctricos.
4. **Ferroeletricidade**: A ferroeletricidade é outra propriedade importante observada em certas cerâmicas que exibem polarização eléctrica espontânea e comutação reversível da polarização em resposta a um campo elétrico externo. As cerâmicas ferroeléctricas, tais como o titanato de zirconato de chumbo (PZT) e o titanato de bário (BaTiO3), são utilizadas em condensadores ferroeléctricos, dispositivos de memória não volátil e aplicações electro-ópticas devido ao seu comportamento de campo elétrico de polarização sem histerese e grandes coeficientes de eletrostrição.
5. **Comportamento magnético**: As cerâmicas podem apresentar um comportamento ferromagnético, antiferromagnético, ferrimagnético ou paramagnético, dependendo de factores como a composição, a estrutura cristalina e a ordenação magnética. Ferrites, espinélios e granadas são materiais cerâmicos comuns utilizados em aplicações magnéticas, como ímanes, suportes de gravação magnética, sensores e dispositivos electromagnéticos.

As propriedades eléctricas e magnéticas são influenciadas por factores como a composição, a estrutura cristalina, os defeitos e as condições de processamento. Compreender o comportamento elétrico e magnético da cerâmica é essencial para a conceção de componentes que possam manipular campos eléctricos e magnéticos, converter energia entre diferentes formas e interagir com radiação electromagnética.

2.6 Propriedades ópticas

As cerâmicas apresentam uma vasta gama de propriedades ópticas, o que as torna materiais versáteis para componentes ópticos, ecrãs, sensores e dispositivos fotónicos. As principais propriedades ópticas das cerâmicas incluem transparência, opacidade, cor e índice de refração.

1. **Transparência**: A transparência refere-se à capacidade do material de transmitir luz sem absorção ou dispersão significativas, resultando numa visão clara e desobstruída através do material. Cerâmicas como o quartzo, a safira e a vitrocerâmica são conhecidas pela sua excecional transparência para comprimentos de onda visíveis, ultravioleta e infravermelhos, tornando-as adequadas para janelas ópticas, lentes e fibras ópticas.
2. **Opacidade**: A opacidade, também conhecida como opacidade, refere-se à capacidade do material para bloquear ou absorver a luz, resultando num aspeto não transparente ou opaco. As cerâmicas com estruturas cristalinas ou policristalinas apresentam frequentemente opacidade devido a mecanismos de dispersão e absorção da luz associados a limites de grão, defeitos e impurezas.
3. **Cor**: A cor é uma propriedade caraterística da cerâmica que resulta da interação da luz com a estrutura atómica e molecular do material. As cerâmicas podem apresentar uma vasta gama de cores, desde transparentes e incolores a opacas e pigmentadas, dependendo de factores como a composição, os dopantes e as condições de processamento. As técnicas de coloração, como o vidrado cerâmico, a coloração e a dopagem, são utilizadas para obter os efeitos estéticos desejados em cerâmica, azulejos e cerâmica arquitetónica.
4. **Índice de refração**: O índice de refração é uma medida da capacidade do material para dobrar ou refratar a luz à medida que esta passa através do material. As cerâmicas com índices de refração elevados são utilizadas em componentes ópticos, como lentes, prismas e guias de ondas, para controlar a propagação da luz e manipular a sua direção, polarização e dispersão.

As propriedades ópticas são influenciadas por factores como a composição, a estrutura cristalina, os defeitos, o acabamento da superfície e o comprimento de onda da luz. Compreender o comportamento ótico dos materiais cerâmicos é essencial para a conceção de componentes que possam manipular a luz, transmitir informação e realizar funções de deteção ótica e de imagiologia.

Capítulo 3:

Processamento de cerâmica

O processamento de cerâmica envolve uma série de etapas, desde a seleção de matérias-primas até ao acabamento final, para transformar materiais em produtos cerâmicos acabados com as propriedades e formas desejadas. Esta discussão abrangente cobrirá as várias fases do processamento de cerâmica, incluindo a seleção de matérias-primas, preparação de pós, métodos de moldagem, secagem e maquinagem em verde, técnicas de cozedura e tratamentos de superfície.

3.1 Matérias-primas para a produção de cerâmica

A produção de cerâmica começa com a seleção de matérias-primas, que normalmente incluem minerais, óxidos e aditivos. Estes materiais são selecionados com base na sua composição química, pureza, distribuição do tamanho das partículas e propriedades desejadas para o produto cerâmico final.

1. **Minerais**: Os minerais são compostos inorgânicos que ocorrem naturalmente com composições químicas e estruturas cristalinas específicas. Os minerais comuns utilizados na produção de cerâmica incluem minerais de argila (por exemplo, caulino, argila de bola, bentonite), feldspato, quartzo, alumina, sílica e vários óxidos metálicos. Estes minerais fornecem os blocos de construção básicos para as formulações cerâmicas e contribuem para propriedades como a plasticidade, o comportamento de fluxo e a refractariedade.
2. **Óxidos**: Os óxidos metálicos desempenham um papel crucial na produção de cerâmica como fundentes, estabilizadores, corantes e auxiliares de sinterização. Exemplos de óxidos utilizados em cerâmica incluem a alumina (Al_2O_3), a sílica (SiO_2), a magnésia (MgO), o óxido de cálcio (CaO) e o dióxido de titânio (TiO_2). Estes óxidos podem ser obtidos a partir de minerais naturais ou sintetizados através de processos químicos para obter composições e purezas específicas necessárias para aplicações cerâmicas.
3. **Aditivos**: Os aditivos são incorporados nas formulações cerâmicas para modificar propriedades como a plasticidade, a viscosidade, o comportamento de secagem, a contração de cozedura e a resistência mecânica. Os aditivos mais comuns utilizados na cerâmica incluem plastificantes, aglutinantes, defloculantes, dispersantes, auxiliares de

sinterização e corantes. Estes aditivos são cuidadosamente selecionados e doseados para otimizar o desempenho do processamento e alcançar as propriedades desejadas no produto cerâmico final.

A seleção das matérias-primas é um aspeto crítico do processamento da cerâmica, uma vez que determina a composição, a microestrutura e as propriedades do produto cerâmico acabado. A análise cuidadosa das caraterísticas das matérias-primas e as medidas de controlo de qualidade são essenciais para garantir a consistência, fiabilidade e desempenho no fabrico de cerâmica.

3.2 Técnicas de preparação de pós

A preparação de pós é uma etapa crucial no processamento de cerâmica, envolvendo a cominuição, mistura e granulação de matérias-primas para produzir pós cerâmicos homogéneos e fluidos, adequados para processos de moldagem. São utilizadas várias técnicas para a preparação de pós, incluindo a moagem, a mistura e a granulação.

1. **Moagem**: A moagem é o processo de redução do tamanho das partículas das matérias-primas através de forças mecânicas como o impacto, a compressão e o atrito. A moagem de bolas, a moagem a jato e a moagem por atrito são técnicas comuns utilizadas para moer e pulverizar matérias-primas em pós cerâmicos finos com distribuições de tamanho de partículas controladas. Os parâmetros de moagem, como o tempo de moagem, a velocidade de moagem e os meios de moagem, são optimizados para atingir o tamanho e a distribuição de tamanho de partícula desejados.
2. **Mistura**: A mistura é o processo de mistura de diferentes matérias-primas para obter uma composição e distribuição uniformes dos constituintes na formulação cerâmica. A mistura a seco e a mistura húmida são as duas principais técnicas de mistura utilizadas no processamento de cerâmica. A mistura a seco envolve a mistura de pós secos utilizando misturadores mecânicos, misturadores ou tambores, enquanto a mistura húmida envolve a suspensão de pós em meios líquidos para facilitar a homogeneização e a dispersão. Os parâmetros de mistura, como o tempo de mistura, a intensidade da mistura e a sequência de mistura, são optimizados para garantir uma mistura consistente e homogénea das matérias-primas.

3. **Granulação**: A granulação é o processo de aglomeração de pós cerâmicos finos em grânulos ou grânulos maiores e mais coesos. A granulação melhora a fluidez do pó, o manuseamento e as propriedades de compactação durante os processos de moldagem, como a prensagem e a extrusão. As técnicas de granulação incluem a secagem por pulverização, a granulação por pulverização e a granulação a seco, que envolvem a adição de aglutinantes líquidos ou agentes de granulação a pós cerâmicos, seguida de secagem ou solidificação para formar grânulos com tamanho e morfologia controlados.

As técnicas de preparação de pós são adaptadas aos requisitos específicos das formulações cerâmicas e dos processos de moldagem, tendo em consideração factores como o tamanho das partículas, a distribuição do tamanho das partículas, a área de superfície, a morfologia e as propriedades reológicas. A otimização dos parâmetros de preparação do pó é essencial para obter caraterísticas consistentes do pó e desempenho de moldagem no fabrico de cerâmica.

3.3 Métodos de modelação

A moldagem é o processo de moldar pós cerâmicos nas formas e dimensões desejadas, utilizando várias técnicas como a prensagem, a extrusão, a fundição e a fundição por deslizamento. Os métodos de moldagem são escolhidos com base em factores como a complexidade da peça, o volume de produção, a precisão dimensional e os requisitos de acabamento da superfície.

1. **Prensagem**: A prensagem, também conhecida como compactação, é uma técnica de moldagem comum utilizada para dar forma a pós cerâmicos em compactos densos e verdes ou corpos verdes. Na prensagem a seco, os pós cerâmicos são compactados até ganharem forma, utilizando prensas mecânicas ou hidráulicas com ferramentas rígidas. A prensagem isostática, também conhecida como prensagem isostática a frio (CIP), consiste em submeter os pós cerâmicos a uma pressão uniforme de todas as direcções, utilizando um molde flexível cheio de fluido pressurizado. Os parâmetros de prensagem, como a pressão, o tempo de permanência e o design das ferramentas, são optimizados para obter a densidade verde desejada, a precisão dimensional e o acabamento da superfície dos componentes cerâmicos prensados.

2. **Extrusão**: A extrusão é uma técnica de moldagem utilizada para produzir perfis contínuos e uniformes ou formas complexas a partir de pastas cerâmicas ou pós cerâmicos plastificados. Na extrusão de cerâmica, a pasta cerâmica ou o pó cerâmico plastificado é forçado através de uma matriz com uma forma específica de secção transversal para formar perfis extrudidos ou componentes extrudidos. Os parâmetros de extrusão, como a pressão de extrusão, a taxa de extrusão, a geometria da matriz e a reologia da pasta, são optimizados para controlar a forma, as dimensões e a microestrutura dos produtos cerâmicos extrudidos.
3. **Fundição**: A fundição é uma técnica de moldagem utilizada para produzir componentes cerâmicos complexos, quase em forma de rede, despejando pasta cerâmica num molde e deixando-a solidificar. A fundição de revestimento, também conhecida como fundição por cera perdida, envolve a produção de moldes de cerâmica utilizando um padrão de sacrifício feito de cera ou termoplástico. A fundição por deslizamento, também conhecida como fundição em pasta, envolve o derramamento de uma pasta cerâmica ou suspensão num molde poroso para formar um corpo verde através da absorção de líquido. Os parâmetros de fundição, como a composição da pasta, a conceção do molde, as condições de secagem e o ciclo de cozedura, são optimizados para controlar a densidade, a porosidade e a precisão dimensional dos componentes cerâmicos fundidos.
4. **Fundição por deslizamento**: A fundição por deslizamento é uma técnica de moldagem utilizada para produzir formas e formatos cerâmicos complexos, vertendo uma pasta cerâmica num molde poroso. O molde poroso absorve a água da pasta, deixando para trás uma camada de partículas de cerâmica que formam o corpo verde do componente. A fundição por deslizamento é adequada para produzir formas complexas com detalhes finos e paredes finas, tornando-a ideal para arte cerâmica, cerâmica e cerâmica arquitetónica.

Os métodos de moldagem são escolhidos com base em factores como a geometria da peça, o volume de produção, as propriedades do material e considerações de custo. A otimização dos parâmetros de moldagem é essencial para obter uma forma consistente, precisão dimensional e microestrutura dos componentes cerâmicos.

3.4 Secagem e maquinagem verde

A secagem e a maquinação a verde são passos essenciais no processamento da cerâmica para remover a humidade, melhorar a precisão dimensional e preparar os corpos verdes para a cozedura. A maquinagem a verde envolve a maquinagem ou o acabamento de componentes cerâmicos verdes para obter as dimensões finais e o acabamento da superfície antes da cozedura.

1. **Secagem**: A secagem é o processo de remoção da humidade dos corpos cerâmicos verdes para evitar fissuras, deformações e defeitos durante a cozedura. A secagem é normalmente realizada em ambientes controlados, como fornos de secagem ou estufas, para minimizar as tensões de secagem e garantir uma remoção uniforme da humidade. Os parâmetros de secagem, como a temperatura, a humidade, o fluxo de ar e a taxa de secagem, são optimizados para obter uma secagem uniforme e minimizar a contração e a distorção dos corpos de cerâmica verde.
2. **Maquinação verde**: A maquinagem verde envolve a maquinagem ou o acabamento de componentes de cerâmica verde para atingir as dimensões finais, as tolerâncias e o acabamento da superfície antes da cozedura. As técnicas comuns de maquinagem verde incluem o torneamento, a fresagem, a perfuração, a retificação e o polimento, que são executados utilizando equipamento de maquinagem convencional ou CNC. Os parâmetros de maquinagem verde, como a velocidade de corte, a taxa de avanço, a profundidade de corte e a geometria da ferramenta, são optimizados para obter um controlo dimensional preciso e um acabamento de superfície nos componentes de cerâmica verde.

A secagem e a maquinação a verde são etapas críticas no processamento de cerâmica para garantir a precisão dimensional, o acabamento da superfície e a integridade mecânica dos componentes de cerâmica verde. A otimização dos parâmetros de secagem e maquinagem verde é essencial para minimizar os defeitos, melhorar a eficiência do processo e melhorar a qualidade dos produtos cerâmicos acabados.

3.5 Técnicas de disparo

A cozedura é o passo final no processamento da cerâmica, envolvendo a consolidação, densificação e transformação de corpos cerâmicos verdes em produtos cerâmicos densos, fortes e duráveis, através de ciclos controlados de aquecimento e arrefecimento. São utilizadas várias técnicas de cozedura no fabrico de cerâmica, incluindo a sinterização, os ciclos de cozedura e a conceção do forno.

1. **Sinterização**: A sinterização é o processo de ligação de partículas cerâmicas entre si através da difusão atómica e da migração de limites de grão para formar uma matriz cerâmica sólida e densa. Durante a sinterização, os corpos cerâmicos verdes são aquecidos a temperaturas elevadas, abaixo do ponto de fusão do material cerâmico, provocando a formação de um pescoço e a densificação através de mecanismos de transporte de massa. Os parâmetros de sinterização, como a temperatura, a taxa de aquecimento, o tempo de permanência e a atmosfera, são optimizados para obter a densificação, a microestrutura e as propriedades desejadas nos produtos cerâmicos sinterizados.
2. **Ciclos de cozedura**: Os ciclos de cozedura são concebidos para controlar as fases de aquecimento, imersão e arrefecimento do processo de cozedura para atingir objectivos específicos de microestrutura e propriedades em produtos cerâmicos. Os ciclos de cozedura consistem normalmente em segmentos de rampa, imersão e arrefecimento, com um controlo preciso dos perfis de temperatura e das taxas de aquecimento. Os parâmetros de cozedura, tais como a temperatura de cozedura, a taxa de aquecimento, o tempo de permanência, a atmosfera e a taxa de arrefecimento são optimizados para alcançar as transformações de fase desejadas, a evolução da microestrutura e o desenvolvimento de propriedades em produtos cerâmicos cozidos.
3. **Conceção do forno**: A conceção do forno desempenha um papel crucial na cozedura de cerâmica, proporcionando o ambiente térmico necessário, o controlo da atmosfera e a automatização do processo para operações de cozedura consistentes e fiáveis. Os fornos podem ser concebidos como fornos de lote, fornos contínuos ou fornos de túnel, dependendo do volume de produção, tamanho do produto e requisitos de queima. Os parâmetros do forno, como a uniformidade da temperatura, a eficiência do aquecimento, o controlo da atmosfera e a flexibilidade do ciclo de cozedura, são optimizados para satisfazer as necessidades específicas dos processos de fabrico de cerâmica.

As técnicas de cozedura são adaptadas aos requisitos específicos das formulações cerâmicas, métodos de moldagem e especificações do produto. A otimização dos parâmetros de cozedura e a conceção do forno são essenciais para obter resultados de cozedura consistentes, minimizar os defeitos e melhorar a qualidade e o desempenho dos produtos cerâmicos cozidos.

3.6 Tratamentos de superfície e revestimentos

Os tratamentos de superfície e os revestimentos são aplicados aos produtos cerâmicos para melhorar o seu desempenho, funcionalidade e estética. Os tratamentos de superfície podem melhorar propriedades como a resistência ao desgaste, a resistência à corrosão, a estabilidade química e o acabamento da superfície, enquanto os revestimentos podem conferir caraterísticas decorativas, protectoras ou funcionais às superfícies cerâmicas.

1. **Vidragem**: O vidrado é um tratamento de superfície comum utilizado em cerâmica para aplicar uma camada fina de revestimento vítreo ou cristalino às superfícies cerâmicas. Os vidrados são compostos por pós cerâmicos finamente moídos, fundentes, corantes e aditivos suspensos num meio líquido. Os vidrados são aplicados em superfícies de cerâmica verde ou bisqueada por imersão, pulverização ou pincelagem, seguidos de cozedura para fundir a camada de vidrado ao substrato cerâmico. O vidrado melhora o acabamento da superfície, o aspeto estético e as propriedades funcionais dos produtos cerâmicos, tais como a resistência à água, a resistência às manchas e a durabilidade química.
2. **Revestimento**: Os revestimentos são aplicados a superfícies cerâmicas para proporcionar funcionalidade, proteção ou decoração adicionais. Os revestimentos cerâmicos mais comuns incluem os revestimentos de barreira térmica, os revestimentos resistentes ao desgaste, os revestimentos resistentes à corrosão e os revestimentos anti-incrustantes. Os revestimentos podem ser aplicados através de várias técnicas, como a pulverização, a imersão, a escovagem, a galvanoplastia e a deposição química de vapor (CVD). Os revestimentos são optimizados em termos de aderência, uniformidade, espessura e composição para obter o desempenho e a durabilidade desejados nos produtos cerâmicos.
3. **Modificação da superfície**: As técnicas de modificação da superfície, como o polimento, a lapidação, a gravação e a texturização da superfície, são utilizadas para alterar a topografia, a química e a funcionalidade da superfície dos produtos cerâmicos. As técnicas de modificação da superfície podem melhorar propriedades como a rugosidade, a fricção,

a aderência e a molhabilidade da superfície para satisfazer requisitos de aplicação específicos. Os processos de modificação da superfície são adaptados à composição do material, à microestrutura e ao acabamento da superfície dos produtos cerâmicos para obter as propriedades e o desempenho desejados da superfície.

Os tratamentos de superfície e os revestimentos são essenciais para melhorar o desempenho, a funcionalidade e a estética dos produtos cerâmicos em várias aplicações. A otimização dos parâmetros de tratamento de superfície e das formulações de revestimento é essencial para obter superfícies cerâmicas duradouras e de alta qualidade com as propriedades e caraterísticas de desempenho desejadas.

Capítulo 4:

Cerâmica avançada

As cerâmicas avançadas representam uma classe de materiais de elevado desempenho que apresentam propriedades mecânicas, térmicas, eléctricas e biológicas excepcionais, tornando-as indispensáveis numa vasta gama de aplicações em várias indústrias. Esta discussão abrangente irá explorar as principais categorias de cerâmicas avançadas, incluindo cerâmicas de engenharia, cerâmicas electrónicas, bio-cerâmicas e compósitos cerâmicos, destacando as suas propriedades, aplicações e importância na tecnologia e ciência modernas.

4.1 Cerâmica de engenharia

As cerâmicas de engenharia englobam um grupo diversificado de materiais cerâmicos concebidos para aplicações de elevado desempenho em componentes estruturais, térmicos e resistentes ao desgaste. As principais cerâmicas de engenharia incluem a alumina, o carboneto de silício, o nitreto de silício e a zircónia, cada um oferecendo propriedades e vantagens únicas para aplicações específicas.

1. **Alumina (Al2O3)**: A alumina é uma das cerâmicas de engenharia mais utilizadas, valorizada pela sua excecional dureza, resistência ao desgaste, inércia química e estabilidade a altas temperaturas. As cerâmicas de alumina encontram aplicações em ferramentas abrasivas, pastilhas de corte, componentes resistentes ao desgaste, substratos isolantes e embalagens electrónicas devido à sua excelente resistência mecânica, condutividade térmica e propriedades de isolamento elétrico. Além disso, as cerâmicas de alumina são utilizadas em implantes médicos, restaurações dentárias e armaduras balísticas devido à sua biocompatibilidade e desempenho balístico.
2. **Carboneto de silício (SiC)**: O carboneto de silício é uma cerâmica de elevado desempenho conhecida pela sua excecional dureza, resistência à corrosão, resistência ao choque térmico e resistência a altas temperaturas. As cerâmicas de carboneto de silício encontram aplicações em maquinagem abrasiva, ferramentas de corte, revestimentos refractários, permutadores de calor e fabrico de semicondutores devido à sua superior resistência ao desgaste, condutividade térmica e estabilidade química. O carboneto de silício é também

utilizado nas indústrias aeroespacial, automóvel e energética para componentes expostos a ambientes extremos, tais como turbinas a gás, bocais de foguetões e reactores nucleares.

3. **Nitreto de silício (Si3N4)**: O nitreto de silício é uma cerâmica de engenharia versátil, conhecida pela sua elevada resistência, tenacidade, resistência ao choque térmico e resistência ao desgaste. As cerâmicas de nitreto de silício encontram aplicações em motores de automóveis, rolamentos, ferramentas de corte e componentes aeroespaciais devido às suas excelentes propriedades mecânicas, estabilidade térmica e resistência à corrosão. O nitreto de silício é também utilizado em implantes biomédicos, rolamentos de esferas de cerâmica e mobiliário de forno devido às suas propriedades de biocompatibilidade, lubrificação e isolamento térmico.
4. **Zircónia (ZrO2)**: A zircónia é uma cerâmica de engenharia única valorizada pelas suas excepcionais propriedades mecânicas, isolamento térmico e biocompatibilidade. As cerâmicas de zircónio encontram aplicações em restaurações dentárias, implantes ortopédicos, ferramentas de corte, sensores de oxigénio e revestimentos de barreira térmica devido à sua elevada resistência, tenacidade à fratura, resistência ao desgaste e baixa condutividade térmica. A zircónia é também utilizada nas indústrias aeroespacial, automóvel e eletrónica para componentes que requerem estabilidade a altas temperaturas, resistência à corrosão e propriedades de isolamento elétrico.

Os tecnocerâmicos desempenham um papel vital na tecnologia e na indústria modernas, oferecendo um desempenho superior, fiabilidade e durabilidade em aplicações exigentes em que os materiais convencionais, como os metais, os plásticos e os compósitos, não são suficientes. Ao aproveitar as propriedades únicas dos materiais cerâmicos, os engenheiros e cientistas podem desenvolver soluções inovadoras para uma vasta gama de desafios na ciência dos materiais, fabrico e engenharia.

4.2 Cerâmica eletrónica

As cerâmicas electrónicas são uma classe de materiais cerâmicos especificamente concebidos para aplicações electrónicas, optoelectrónicas e de telecomunicações, em que o controlo preciso das propriedades eléctricas, ópticas e magnéticas é essencial. As principais cerâmicas electrónicas incluem materiais piezoeléctricos, ferroeléctricos e dieléctricos, desempenhando cada um deles um papel crucial em vários dispositivos e sistemas electrónicos.

1. **Materiais Piezoeléctricos**: Os materiais piezoeléctricos exibem o efeito piezoelétrico, em que geram uma carga eléctrica em resposta a tensão mecânica ou deformação, e vice-versa. As cerâmicas piezoeléctricas, tais como o titanato de zirconato de chumbo (PZT), o titanato de bário (BaTiO3) e o niobato de chumbo e magnésio (PMN), são amplamente utilizadas em sensores, actuadores, transdutores e colectores de energia para converter energia mecânica em sinais eléctricos e vice-versa. Os materiais piezoeléctricos encontram aplicações em imagens de ultra-sons, impressoras de jato de tinta, sistemas de sonar, sensores de vibração e dispositivos de captação de energia devido à sua elevada sensibilidade, capacidade de resposta e eficiência.
2. **Materiais Ferroeléctricos**: Os materiais ferroeléctricos exibem polarização eléctrica espontânea e comutação reversível da polarização em resposta a um campo elétrico externo. As cerâmicas ferroeléctricas, como o titanato de zirconato de chumbo (PZT), o titanato de bário (BaTiO3) e o niobato de potássio (KNbO3), são utilizadas em condensadores ferroeléctricos, dispositivos de memória não volátil, moduladores electro-ópticos e transformadores piezoeléctricos devido aos seus grandes laços de histerese de polarização-campo elétrico e elevados coeficientes de acoplamento eletromecânico. Os materiais ferroeléctricos permitem o armazenamento de dados de alta densidade, velocidades de comutação rápidas e baixo consumo de energia em dispositivos e sistemas electrónicos.
3. **Materiais dieléctricos**: Os materiais dieléctricos apresentam uma elevada resistividade eléctrica e uma baixa tangente de perda, o que os torna adequados para aplicações de isolamento e armazenamento de energia em circuitos e dispositivos electrónicos. As cerâmicas dieléctricas, como o óxido de alumínio (Al2O3), o dióxido de silício (SiO2) e o titanato de bário (BaTiO3), são utilizadas em condensadores, isoladores, ressoadores e filtros devido às suas elevadas constantes dieléctricas, baixas perdas dieléctricas e elevadas resistências à rutura. Os materiais dieléctricos permitem o armazenamento eficiente de energia, o processamento de sinais e a propagação de ondas electromagnéticas em sistemas electrónicos e de telecomunicações.

A cerâmica eletrónica é um componente essencial da eletrónica moderna, das telecomunicações e das tecnologias da informação, permitindo o desenvolvimento de dispositivos e sistemas avançados de comunicação, computação, deteção e conversão de energia. Ao tirar partido das propriedades únicas da cerâmica eletrónica, os engenheiros e cientistas podem inovar novas tecnologias e aplicações que impulsionam o progresso e a inovação na era digital.

4.3 Bio-cerâmica

As bio-cerâmicas são materiais cerâmicos concebidos para aplicações biomédicas e de cuidados de saúde, em que a biocompatibilidade, a bioatividade e as propriedades mecânicas são fundamentais para a compatibilidade, regeneração e cicatrização dos tecidos. As principais bio-cerâmicas incluem cerâmicas dentárias, implantes ortopédicos e cerâmicas para engenharia de tecidos, cada uma oferecendo vantagens únicas para aplicações médicas específicas.

1. **Cerâmica dentária**: As cerâmicas dentárias são utilizadas em dentisteria de restauração para fabricar coroas, pontes, facetas e implantes dentários que restauram dentes danificados ou em falta. As cerâmicas dentárias, como a zircónia, a alumina e a cerâmica de vidro, oferecem uma excelente biocompatibilidade, estética e propriedades mecânicas, o que as torna adequadas para restaurações dentárias a longo prazo. As cerâmicas dentárias imitam o aspeto e a função naturais dos dentes, proporcionando aos pacientes soluções duradouras, estéticas e funcionais para melhorar a saúde oral e a estética do sorriso.
2. **Implantes ortopédicos**: Os implantes ortopédicos são utilizados em cirurgia ortopédica para substituir ossos, articulações e cartilagens danificados ou doentes no corpo humano. Os materiais bio-cerâmicos como a alumina, a zircónia, a hidroxiapatite (HA) e as cerâmicas de fosfato de cálcio oferecem uma excelente biocompatibilidade, osteointegração e propriedades mecânicas, o que os torna ideais para implantes ortopédicos. Os implantes de biocerâmica promovem a cicatrização óssea, a regeneração dos tecidos e a estabilidade dos implantes, restaurando a mobilidade, a função e a qualidade de vida dos pacientes com lesões e perturbações músculo-esqueléticas.
3. **Cerâmica para engenharia de tecidos**: As cerâmicas desempenham um papel crucial na engenharia de tecidos e na medicina regenerativa para a reparação e substituição de tecidos e órgãos danificados ou doentes no corpo humano. As cerâmicas bioactivas, como a

hidroxiapatite (HA), o fosfato tricálcico (TCP) e as cerâmicas de biovidro, constituem um suporte ideal para a fixação, proliferação e diferenciação das células, promovendo a regeneração e a remodelação dos tecidos. Os suportes cerâmicos podem ser concebidos com porosidade controlada, tamanho dos poros e química da superfície para imitar a matriz extracelular nativa e facilitar o crescimento dos tecidos, a vascularização e a integração in vivo.

As bio-cerâmicas oferecem soluções promissoras para enfrentar vários desafios médicos e melhorar os resultados dos doentes em aplicações dentárias, ortopédicas e de engenharia de tecidos. Ao aproveitar as propriedades únicas da bio-cerâmica, os clínicos e investigadores podem desenvolver terapias e tratamentos inovadores para restaurar a saúde, a função e a qualidade de vida dos doentes com doenças dentárias, músculo-esqueléticas e relacionadas com os tecidos.

4.4 Compósitos cerâmicos

Os compósitos cerâmicos são materiais compósitos compostos por matrizes cerâmicas reforçadas com fibras, partículas ou laminados cerâmicos para melhorar as propriedades mecânicas, térmicas e estruturais. Os compósitos cerâmicos oferecem uma resistência, rigidez, tenacidade e tolerância aos danos superiores às cerâmicas monolíticas, tornando-os adequados para aplicações de elevado desempenho nas indústrias aeroespacial, automóvel, da defesa e da energia.

1. **Compósitos reforçados com fibras**: Os compósitos cerâmicos reforçados com fibras consistem em matrizes cerâmicas reforçadas com fibras cerâmicas de alta resistência, como carbeto de silício (SiC), alumina (Al2O3) e carbono (C). Os compósitos reforçados com fibras apresentam propriedades mecânicas excepcionais, incluindo elevada resistência, rigidez, tenacidade à fratura e resistência à fadiga, o que os torna ideais para componentes estruturais em aplicações aeroespaciais, automóveis e de defesa. Os compósitos de matriz cerâmica (CMC) são utilizados em pás de turbinas, componentes de motores, bocais de foguetões e sistemas de blindagem devido à sua leveza, estabilidade a altas temperaturas e desempenho balístico.
2. **Compósitos reforçados com partículas**: Os compósitos cerâmicos reforçados com partículas consistem em matrizes cerâmicas reforçadas com partículas cerâmicas como o

carboneto de silício (SiC), a alumina (Al2O3) e a zircónia (ZrO2). Os compósitos reforçados com partículas oferecem melhores propriedades mecânicas, condutividade térmica e resistência ao desgaste em comparação com as cerâmicas monolíticas, tornando-os adequados para ferramentas de corte, revestimentos resistentes ao desgaste e aplicações de gestão térmica. Os compósitos reforçados com partículas são utilizados em travões de automóveis, pastilhas de corte e revestimentos de barreira térmica devido ao seu melhor desempenho, durabilidade e fiabilidade.

3. **Compósitos laminados**: Os compósitos cerâmicos laminados consistem em camadas alternadas de cerâmica e materiais intercalares ligados entre si para formar estruturas leves e de elevada resistência com propriedades personalizadas. Os compósitos laminados apresentam propriedades mecânicas anisotrópicas, permitindo aos engenheiros conceber componentes com caraterísticas específicas de resistência, rigidez e expansão térmica. Os compósitos laminados são utilizados em estruturas aeroespaciais, painéis de carroçaria de automóveis e artigos desportivos devido às suas propriedades de leveza, resistência ao impacto e amortecimento de vibrações.

Os compósitos cerâmicos oferecem vantagens significativas em relação aos materiais tradicionais, tais como metais, polímeros e cerâmicas monolíticas, proporcionando aos engenheiros soluções inovadoras para aplicações leves e de elevado desempenho em ambientes agressivos. Combinando as propriedades únicas das matrizes e dos reforços cerâmicos, os investigadores podem desenvolver compósitos avançados com propriedades e caraterísticas de desempenho adaptadas para satisfazer os requisitos exigentes da tecnologia e da indústria modernas.

Capítulo 5:
Técnicas de caraterização

As cerâmicas, que englobam uma vasta gama de materiais inorgânicos e não metálicos, têm uma importância significativa em várias indústrias devido às suas propriedades únicas, como a resistência a altas temperaturas, a dureza, a resistência à corrosão e o isolamento elétrico. No entanto, o desempenho das cerâmicas está intrinsecamente ligado à sua microestrutura e composição, necessitando de técnicas de caraterização minuciosas para compreender e otimizar as suas propriedades. Uma caraterização abrangente não só ajuda na seleção e conceção do material, como também facilita a otimização do processo e a melhoria do desempenho.

As técnicas de caraterização de cerâmicas englobam uma vasta gama de métodos destinados a elucidar vários aspectos destes materiais, incluindo a sua microestrutura, comportamento mecânico, estabilidade térmica, propriedades eléctricas/ópticas, entre outros. Estas técnicas são frequentemente complementares, proporcionando uma compreensão holística dos materiais cerâmicos a partir de diferentes perspectivas. Neste documento, aprofundamos as principais técnicas de caraterização especificamente concebidas para a cerâmica, categorizando-as em análise microestrutural, ensaios mecânicos, análise térmica e caraterização eléctrica/ótica.

5.1 Análise microestrutural de cerâmicas

A análise microestrutural é crucial para compreender a estrutura interna e a morfologia das cerâmicas, que influenciam significativamente as suas propriedades e desempenho. Esta secção explora as técnicas de microscopia, difração de raios X e microscopia eletrónica normalmente utilizadas para a análise microestrutural de cerâmicas.

1. Técnicas de Microscopia: As técnicas de microscopia oferecem informações valiosas sobre a microestrutura das cerâmicas em diferentes escalas de comprimento, permitindo a visualização de caraterísticas como limites de grão, fases, poros e defeitos.

2. Microscopia ótica: A microscopia ótica é normalmente utilizada para a observação macroscópica de amostras de cerâmica, fornecendo informações sobre a morfologia da superfície, a dimensão e a distribuição dos grãos. Embora a microscopia ótica ofereça uma resolução relativamente baixa em comparação com a microscopia eletrónica, é útil para o exame rápido e a análise qualitativa de cerâmicas.

3. **Microscopia eletrónica de varrimento (SEM):** A MEV permite obter imagens de alta resolução das superfícies cerâmicas, fornecendo informações pormenorizadas sobre a topografia da superfície, os limites dos grãos e a porosidade. Além disso, a MEV pode ser associada à espetroscopia de raios X por dispersão de energia (EDS) para análise elementar, facilitando a caraterização da composição da cerâmica.

4. **Microscopia eletrónica de transmissão (TEM):** A TEM oferece uma resolução sem paralelo para o estudo da estrutura interna das cerâmicas à nanoescala. Ao transmitir um feixe focalizado de electrões através de secções finas de amostras de cerâmica, a TEM permite conhecer as caraterísticas cristalográficas, as deslocações e os defeitos, essenciais para compreender as propriedades mecânicas e eléctricas das cerâmicas.

5. **Difração de raios X (XRD):** A difração de raios X é uma técnica poderosa para identificar fases cristalinas e analisar as propriedades cristalográficas da cerâmica. Ao dirigir os raios X para uma amostra de cerâmica, a DRX produz padrões de difração correspondentes à estrutura da rede cristalina, permitindo a identificação de fases, a análise da orientação dos cristais e a determinação dos parâmetros da rede.

6. **Microscopia eletrónica:** As técnicas de microscopia eletrónica, incluindo a microscopia eletrónica de transmissão por varrimento (STEM) e a difração por retrodifusão de electrões (EBSD), oferecem capacidades avançadas para a análise microestrutural de cerâmicas, combinando imagens de alta resolução com a caraterização composicional e cristalográfica.

7. **Microscopia eletrónica de transmissão de varrimento (STEM):** A STEM permite a obtenção de imagens e a análise espectroscópica de amostras de cerâmica com resolução atómica, fornecendo informações sobre defeitos nos cristais, interfaces e composição química. A STEM é particularmente útil para estudar as caraterísticas à nanoescala das cerâmicas e compreender as relações estrutura-propriedade a nível atómico.

8. Difração por retrodifusão de electrões (EBSD): A EBSD é uma técnica utilizada para caraterizar a orientação cristalográfica dos grãos cerâmicos, fornecendo informações sobre o tamanho do grão, a textura e as caraterísticas dos limites do grão. Ao mapear a orientação dos grãos numa amostra de cerâmica, a EBSD permite uma análise quantitativa das caraterísticas microestruturais e da sua influência nas propriedades mecânicas.

5.2 Ensaios mecânicos de cerâmica

Os ensaios mecânicos são essenciais para avaliar as propriedades mecânicas e o desempenho dos materiais cerâmicos sob diferentes condições de carga. Esta secção aborda técnicas comuns de ensaios mecânicos, incluindo ensaios de tração, ensaios de compressão, ensaios de flexão e ensaios de dureza.

1. Ensaio de tração: Os ensaios de tração são realizados para avaliar a resistência à tração, o módulo de elasticidade e a ductilidade das cerâmicas sob tensão. Embora as cerâmicas sejam geralmente frágeis e apresentem uma ductilidade mínima, os ensaios de tração fornecem informações valiosas sobre o seu comportamento à fratura, incluindo as caraterísticas tensão-deformação e a resistência à fratura.

2. Ensaios de compressão: O ensaio de compressão é utilizado para avaliar a resistência à compressão e o comportamento de deformação das cerâmicas sob compressão. As cerâmicas apresentam normalmente uma resistência à compressão superior à resistência à tração devido à sua fragilidade intrínseca e à sua resistência às forças de compressão. Os ensaios de compressão ajudam a determinar a capacidade de suporte de carga e a integridade estrutural dos componentes cerâmicos.

3. Ensaio de flexão: O ensaio de flexão, também conhecido como ensaio de flexão de três ou quatro pontos, avalia a resistência à flexão e o módulo de elasticidade da cerâmica. Ao submeter os espécimes cerâmicos a cargas de flexão, o ensaio de flexão fornece informações sobre a sua resistência à flexão e a sua capacidade de suportar as cargas aplicadas sem fratura. A resistência à flexão é particularmente importante para os materiais cerâmicos utilizados em aplicações estruturais.

4. Ensaios de dureza: Os ensaios de dureza medem a resistência dos materiais cerâmicos à indentação ou penetração por um material mais duro. As técnicas comuns de ensaio de dureza para cerâmicas incluem o ensaio de dureza Vickers, o ensaio de dureza Rockwell e o ensaio de dureza Knoop. Os ensaios de dureza fornecem informações sobre a resistência do material ao desgaste da superfície, à abrasão e à deformação, que são fundamentais para aplicações que requerem uma elevada resistência ao desgaste.

5.3 Análise térmica da cerâmica

A análise térmica é crucial para compreender o comportamento térmico, a estabilidade e o desempenho das cerâmicas em diferentes condições de temperatura. Esta secção explora a calorimetria diferencial de varrimento (DSC), a análise termogravimétrica (TGA) e a medição da condutividade térmica normalmente utilizadas para a caraterização térmica de cerâmicas.

1. Calorimetria Exploratória Diferencial (DSC): A calorimetria diferencial de varrimento é uma técnica de análise térmica utilizada para estudar o fluxo de calor associado a transições de fase, reacções químicas e decomposição térmica em cerâmicas. Ao medir o calor absorvido ou libertado por uma amostra de cerâmica em função da temperatura, a DSC fornece informações sobre a sua estabilidade térmica, transformações de fase e propriedades térmicas, tais como a capacidade térmica específica e a condutividade térmica.

2. Análise termogravimétrica (TGA): A análise termogravimétrica é utilizada para investigar a decomposição térmica, a oxidação e a perda de peso das cerâmicas em função da temperatura. A TGA mede a alteração da massa de uma amostra de cerâmica à medida que esta é aquecida ou arrefecida sob condições atmosféricas controladas, permitindo a identificação das temperaturas de decomposição, da cinética das reacções de degradação e dos limites de estabilidade térmica.

3. Medição da condutividade térmica: A medição da condutividade térmica é essencial para quantificar a capacidade da cerâmica de conduzir calor e dissipar energia térmica. São utilizadas várias técnicas, como a análise de flash laser, o método da placa quente protegida e o método da fonte plana transiente, para determinar a condutividade térmica das cerâmicas. A medição da condutividade térmica é fundamental para otimizar a gestão térmica dos componentes cerâmicos em aplicações de alta temperatura.

5.4 Técnicas de caraterização eléctrica e ótica de cerâmicas

As técnicas de caraterização eléctrica e ótica desempenham um papel importante na avaliação da condutividade eléctrica, das propriedades dieléctricas e do comportamento ótico das cerâmicas. Esta secção aborda as técnicas comuns de caraterização eléctrica, incluindo a medição da resistividade, a espetroscopia dieléctrica e as técnicas de caraterização ótica, como a espetroscopia UV-Vis e a espetroscopia de infravermelhos com transformada de Fourier (FTIR).

1. Caracterização eléctrica: As técnicas de caraterização eléctrica são utilizadas para avaliar a condutividade eléctrica, a resistividade e as propriedades dieléctricas das cerâmicas em diferentes condições.

1.1 Medição da resistividade: A medição da resistividade quantifica a resistência da cerâmica ao fluxo de corrente eléctrica, fornecendo informações sobre as suas propriedades eléctricas intrínsecas. São utilizados vários métodos, como a técnica da sonda de quatro pontos, a espetroscopia de impedância e as medições de condutividade, para determinar a resistividade das cerâmicas.

1.2 Espectroscopia dieléctrica: A espetroscopia dieléctrica é utilizada para estudar as propriedades dieléctricas e o comportamento de polarização da cerâmica em função da frequência e da temperatura. Ao medir a permissividade complexa das cerâmicas, a espetroscopia dieléctrica fornece informações sobre a sua resposta eléctrica, comportamento capacitivo e aplicações em dispositivos electrónicos, condensadores e materiais isolantes.

2. Caracterização ótica: As técnicas de caraterização ótica são utilizadas para investigar as propriedades ópticas, a transparência e as interações luz-matéria em cerâmicas.

2.1 Espectroscopia UV-Vis: A espetroscopia UV-Vis mede a absorção e transmissão de luz ultravioleta e visível pelas cerâmicas, fornecendo informações sobre a sua transparência ótica, energia de bandgap e transições electrónicas. A espetroscopia UV-Vis é valiosa para avaliar a pureza, a cor e a qualidade ótica dos materiais cerâmicos.

2.2 Espectroscopia de infravermelhos com transformada de Fourier (FTIR): A espetroscopia FTIR é utilizada para analisar a absorção no infravermelho e os modos vibracionais da cerâmica, elucidando a sua composição química, estrutura molecular e caraterísticas de ligação. A espetroscopia FTIR é amplamente utilizada para identificar grupos funcionais, impurezas e defeitos em materiais cerâmicos, bem como para estudar a sua química de superfície e reatividade.

5.5 Aplicações e importância da caraterização de cerâmicas

A caraterização da cerâmica desempenha um papel vital em várias aplicações e indústrias, incluindo a aeroespacial, automóvel, eletrónica, biomédica e energética. Esta secção destaca a importância da caraterização cerâmica no desenvolvimento de materiais, controlo de qualidade, análise de falhas e otimização de aplicações específicas.

1. Desenvolvimento e otimização de materiais cerâmicos: As técnicas de caraterização permitem aos investigadores adaptar a microestrutura, a composição e as propriedades das cerâmicas para aplicações específicas, tais como componentes estruturais leves, materiais de isolamento térmico, dispositivos piezoeléctricos e implantes biomédicos. Ao compreender as relações estrutura-propriedade das cerâmicas, podem ser desenvolvidos novos materiais com melhor desempenho e funcionalidade através da otimização de parâmetros de processamento e composições de materiais.

2. Controlo e garantia de qualidade no fabrico de cerâmica: As técnicas de caraterização são essenciais para garantir a qualidade e a fiabilidade dos produtos cerâmicos durante os processos de fabrico. Ao empregar técnicas como a microscopia, os ensaios mecânicos e a análise térmica, os fabricantes podem identificar defeitos, impurezas e inconsistências de processamento que podem afetar o desempenho e a durabilidade dos componentes cerâmicos. As medidas de controlo de qualidade baseadas em dados de caraterização ajudam a manter a consistência do produto, a cumprir as normas da indústria e a minimizar o risco de falhas em aplicações críticas.

3. Análise de falhas e investigações forenses: As técnicas de caraterização são fundamentais na investigação das causas de falhas, fracturas e degradação de materiais em componentes cerâmicos. Ao analisar as caraterísticas microestruturais, as propriedades mecânicas e o comportamento térmico, os cientistas e engenheiros forenses podem identificar os factores que contribuem para os eventos de falha, tais como defeitos de fabrico, degradação ambiental ou condições de utilização inadequadas. A análise de falhas com base em dados de caraterização abrangentes permite melhorar o design, a seleção de materiais e as medidas preventivas para aumentar a fiabilidade e a segurança dos produtos cerâmicos.

4. Aplicações biomédicas e electrónicas: Os materiais cerâmicos encontram diversas aplicações em implantes biomédicos, dispositivos electrónicos, sensores e actuadores devido à sua biocompatibilidade, isolamento elétrico e propriedades mecânicas. As técnicas de caraterização desempenham um papel fundamental na avaliação do desempenho, fiabilidade e compatibilidade da cerâmica em aplicações biomédicas e electrónicas. Ao avaliar factores como a rugosidade da superfície, a resistência mecânica e a condutividade eléctrica, os investigadores podem conceber materiais cerâmicos com propriedades personalizadas para dispositivos biomédicos e electrónicos específicos, permitindo avanços nos cuidados de saúde, diagnósticos e tecnologias de comunicação.

5.6 Desafios e direcções futuras na caraterização de cerâmicas

Apesar dos avanços significativos nas técnicas de caraterização da cerâmica, subsistem vários desafios, incluindo limitações na resolução, sensibilidade e análise multi-escala. Esta secção discute os esforços de investigação em curso e as direcções futuras destinadas a enfrentar estes desafios e a fazer avançar as metodologias de caraterização da cerâmica.

1. Melhoria da resolução e da sensibilidade: O aumento da resolução e da sensibilidade das técnicas de caraterização é fundamental para a análise de caraterísticas microestruturais, defeitos e interfaces em cerâmicas a escalas de comprimento mais finas. As tecnologias emergentes, como a microscopia eletrónica com correção de aberrações, as técnicas de imagiologia de alta resolução e os algoritmos avançados de processamento de sinais, são promissoras para obter uma maior resolução espacial e sensibilidade na caraterização da cerâmica. Além disso, os desenvolvimentos nos métodos de preparação de amostras, detectores de imagem e técnicas de análise de dados são essenciais para melhorar a relação sinal/ruído e a clareza da imagem na análise microestrutural da cerâmica.

2. Caracterização multi-escala e multi-modal: A integração de abordagens de caraterização multi-escala e multi-modal é essencial para captar a estrutura hierárquica e as propriedades da cerâmica em diferentes escalas de comprimento. Combinando técnicas como a microscopia, espetroscopia, difração e tomografia, os investigadores podem obter uma visão abrangente da microestrutura, do comportamento mecânico e das propriedades funcionais das cerâmicas, desde a escala nano à macro. As plataformas de caraterização multimodal e os algoritmos de fusão de dados permitem a análise sinérgica de informações complementares, facilitando uma compreensão holística da cerâmica e orientando as estratégias de conceção e otimização de materiais.

3. Integração com modelação computacional: A integração de técnicas de caraterização experimental com ferramentas de modelação e simulação computacional é crucial para prever o comportamento, o desempenho e as propriedades das cerâmicas sob diversas condições. Combinando dados experimentais com modelos teóricos, os investigadores podem desenvolver modelos preditivos para simular a evolução microestrutural, a deformação mecânica e a resposta térmica das cerâmicas. As abordagens computacionais, como a análise de elementos finitos, as simulações de dinâmica molecular e a modelação de campos de fase, fornecem informações valiosas sobre as relações estrutura-propriedade das cerâmicas e permitem o ensaio virtual de materiais antes da experimentação física. A integração de técnicas experimentais e computacionais acelera a descoberta, otimização e conceção de materiais de uma forma rentável e eficiente.

Capítulo 6:

Aplicações da cerâmica

Introdução A cerâmica, caracterizada pela sua combinação única de propriedades como a dureza, a resistência ao calor, o isolamento elétrico e a estabilidade química, tem sido utilizada pelas sociedades humanas há milénios. O que começou por ser um simples fabrico de cerâmica evoluiu para uma sofisticada gama de aplicações que abrangem a construção, o fabrico, a eletrónica, os cuidados de saúde e muito mais. Neste documento, exploramos o panorama diversificado das aplicações da cerâmica, desde as utilizações tradicionais na olaria e nos tijolos até aos avanços de ponta nos domínios da engenharia, eletrónica, ótica e biomédica. Ao examinar a evolução dos materiais cerâmicos, as suas propriedades, processos de fabrico e aplicações em várias indústrias, pretendemos elucidar o significado da cerâmica na formação do mundo moderno.

6.1 Aplicações tradicionais

1. **A cerâmica:** A olaria representa uma das primeiras e mais difundidas aplicações da cerâmica na história da humanidade. Utilizando argila e outros materiais naturais, os artesãos de olaria criam uma miríade de objectos funcionais e decorativos, incluindo vasos, tigelas, pratos e figuras. O processo de fabrico de cerâmica envolve a moldagem do barro, a sua secagem e a cozedura a altas temperaturas para obter resistência e durabilidade. A cerâmica tradicional serve vários propósitos, desde o armazenamento e preparação de alimentos até à expressão artística e à preservação do património cultural.

2. **Tijolos:** Os tijolos, outro produto cerâmico tradicional, têm sido essenciais na construção desde a antiguidade. Compostos principalmente de argila ou de solo rico em argila, os tijolos são moldados em formas rectangulares e cozidos em fornos para adquirirem resistência e durabilidade. Utilizados para a construção de paredes, pavimentos e estruturas, os tijolos proporcionam isolamento térmico, suporte estrutural e apelo estético aos projectos arquitectónicos. Apesar dos avanços tecnológicos, as técnicas tradicionais de fabrico de tijolos continuam a prevalecer em muitas regiões, contribuindo para práticas de construção sustentáveis.

3. Ladrilhos: Os ladrilhos cerâmicos, fabricados a partir de argila, areia e outros aditivos, servem como materiais de revestimento versáteis para pavimentos, paredes e telhados. Com a sua capacidade de resistir à humidade, à abrasão e às flutuações de temperatura, os ladrilhos cerâmicos são preferidos para aplicações interiores e exteriores. O processo de fabrico de azulejos envolve a moldagem, a vitrificação e a cozedura dos materiais cerâmicos para produzir uma gama diversificada de cores, texturas e padrões. Desde cozinhas e casas de banho a espaços públicos e fachadas, os azulejos de cerâmica melhoram a estética, proporcionando durabilidade e fácil manutenção.

4. Refractários: As cerâmicas refractárias desempenham um papel crucial nas indústrias que operam a altas temperaturas ou que requerem resistência à corrosão química. Compostos por alumina, sílica, zircónio e outros óxidos refractários, estes materiais revestem fornos, estufas, reactores e outros equipamentos de processamento térmico. As cerâmicas refractárias apresentam excelentes propriedades de isolamento térmico, evitando a perda de calor e assegurando uma utilização eficiente da energia nos processos industriais. Além disso, a sua resistência à degradação química prolonga a vida útil dos revestimentos refractários, reduzindo os custos de manutenção e o tempo de inatividade das instalações de produção.

6.2 Aplicações de engenharia

1. Ferramentas de corte: Os materiais cerâmicos, conhecidos pela sua excecional dureza e resistência ao desgaste, são amplamente utilizados em aplicações de ferramentas de corte em várias indústrias. Materiais como a alumina (óxido de alumínio) e o carboneto de silício são utilizados para fabricar pastilhas de corte, lâminas e rebarbas de cerâmica para operações de maquinagem. Em comparação com as ferramentas de corte de metal convencionais, as contrapartes de cerâmica oferecem um desempenho superior em termos de velocidade de corte, acabamento da superfície e vida útil da ferramenta, especialmente na maquinagem de materiais duros e abrasivos, como ligas aeroespaciais e compósitos.

2. Rolamentos: Os rolamentos cerâmicos ganharam popularidade em aplicações de alto desempenho onde os rolamentos metálicos tradicionais enfrentam desafios como a corrosão, a lubrificação e a fadiga. Utilizando materiais como o nitreto de silício, a zircónia e a alumina, os rolamentos cerâmicos apresentam baixa fricção, elevada rigidez e uma excecional resistência ao desgaste. Estas propriedades tornam-nos ideais para equipamento aeroespacial, automóvel e médico, onde a fiabilidade, a eficiência e a longevidade são factores críticos. Os rolamentos cerâmicos também contribuem para a conservação de energia e para a redução dos custos de manutenção devido à sua vida útil alargada e estabilidade operacional.

3. Blindagem: No domínio da proteção balística, a cerâmica oferece uma solução eficaz para o fabrico de sistemas de blindagem leves e de alta resistência. Cerâmicas como o carboneto de boro, a alumina e o carboneto de silício possuem uma excelente dureza e desempenho balístico, o que as torna adequadas para blindagem corporal, blindagem de veículos e proteção de aeronaves. As inserções de armaduras cerâmicas, integradas em materiais compósitos ou matrizes metálicas, dissipam a energia cinética dos projécteis através de mecanismos de fratura e deformação, reduzindo o risco de ferimentos no pessoal e de danos no equipamento em ambientes hostis.

4. Isolamento térmico: Os materiais cerâmicos servem como isolantes térmicos eficazes em aplicações em que a gestão da temperatura é crítica, tais como a indústria aeroespacial, a metalurgia e a construção civil. As espumas cerâmicas porosas, os isoladores à base de fibras e os aerogéis oferecem uma baixa condutividade térmica e uma elevada estabilidade térmica, minimizando a transferência de calor e melhorando a eficiência energética. Os materiais de isolamento cerâmico são aplicados em fornos, estufas, permutadores de calor e envolventes de edifícios, ajudando a manter condições de funcionamento óptimas, a reduzir a perda de calor e a melhorar a eficiência do processo.

6.3 Eletrónica e ótica

1. Semicondutores: Dispositivos Os materiais cerâmicos desempenham um papel vital na indústria dos semicondutores, onde servem de substratos, isoladores e componentes de embalagem para circuitos integrados e dispositivos electrónicos. O dióxido de silício (sílica), um componente primário das bolachas de silício para semicondutores, proporciona isolamento elétrico e passivação da superfície. Os materiais cerâmicos avançados, como o óxido de alumínio (alumina) e o nitreto de silício (Si3N4), são utilizados para embalagem e encapsulamento devido à sua condutividade térmica, resistência mecânica e propriedades de vedação hermética.

2. Condensadores: Os condensadores cerâmicos, baseados em materiais dieléctricos como o titanato de bário (BaTiO3) e o titanato de zirconato de chumbo (PZT), são componentes essenciais em circuitos electrónicos para armazenamento de energia e filtragem de sinais. Os condensadores cerâmicos oferecem uma elevada densidade de capacidade, baixa corrente de fuga e estabilidade numa vasta gama de temperaturas, o que os torna adequados para várias aplicações em eletrónica de consumo, telecomunicações e eletrónica automóvel. A sua pequena dimensão, fiabilidade e rentabilidade contribuem para a sua adoção generalizada nos dispositivos electrónicos modernos.

3. Sensores: Os materiais cerâmicos apresentam propriedades únicas que os tornam ideais para aplicações de deteção e medição em diversos sectores. As cerâmicas piezoeléctricas, como o titanato de zirconato de chumbo (PZT) e o niobato de magnésio e titanato de chumbo (PMN-PT), convertem a tensão mecânica em sinais eléctricos e vice-versa, permitindo a sua utilização em sensores para imagiologia ultra-sónica, deteção de pressão e monitorização de vibrações. Além disso, os sensores de gás cerâmicos baseados em óxidos metálicos detectam gases como o monóxido de carbono, o hidrogénio e o metano, facilitando a monitorização ambiental, a segurança industrial e o controlo das emissões automóveis.

4. Fibras ópticas: Os materiais cerâmicos desempenham um papel crucial nos sistemas de comunicações ópticas, onde servem de base para o fabrico de fibras ópticas de elevado desempenho. Os vidros à base de sílica, dopados com iões de terras raras, oferecem baixa atenuação ótica e elevada transparência, o que os torna ideais para a transmissão de sinais ópticos a longas distâncias. As fibras cerâmicas especiais, como a safira (óxido de alumínio) e a granada de ítrio e alumínio (YAG), apresentam propriedades ópticas e resistência mecânica melhoradas, permitindo a sua utilização em lasers de alta potência, sensores de fibra ótica e dispositivos de imagiologia biomédica.

6.4 Aplicações biomédicas

1. Implantes: Os materiais cerâmicos revolucionaram o campo dos implantes ortopédicos e dentários, oferecendo biocompatibilidade, força mecânica e resistência à corrosão. Materiais como a alumina (óxido de alumínio), a zircónia (óxido de zircónio) e a hidroxiapatite (fosfato de cálcio) são utilizados para fabricar implantes para próteses da anca, coroas dentárias e enxertos ósseos. Os implantes cerâmicos promovem a osseointegração, minimizam as respostas inflamatórias e apresentam uma estabilidade a longo prazo no corpo, resolvendo os problemas associados aos implantes metálicos, como a corrosão, o desgaste e as reacções alérgicas.

2. Próteses: Os materiais cerâmicos encontram aplicações em dispositivos protéticos para restaurar a mobilidade e a função de indivíduos com deficiências ou lesões nos membros. As cerâmicas avançadas, como a alumina e a zircónia, são utilizadas em implantes ortopédicos, como as articulações da anca, do joelho e do ombro, devido à sua biocompatibilidade e propriedades mecânicas. As próteses cerâmicas oferecem vantagens como a redução do desgaste, a melhoria da função articular e uma maior longevidade em comparação com os implantes metálicos tradicionais, o que conduz a melhores resultados e qualidade de vida para os doentes.

3. Sistemas de administração de medicamentos: As nanopartículas e microesferas cerâmicas estão a ser cada vez mais exploradas para aplicações de administração de fármacos, oferecendo libertação controlada, administração orientada e biodegradabilidade. As nanopartículas de sílica mesoporosa, por exemplo, proporcionam uma elevada área de superfície e volume de poros para o carregamento e libertação de agentes terapêuticos, tais como medicamentos, proteínas e ácidos nucleicos. Os transportadores cerâmicos permitem um controlo preciso da cinética de libertação dos fármacos, aumentando a eficácia terapêutica e minimizando os efeitos secundários e a toxicidade sistémica. Além disso, a sua biocompatibilidade e o potencial de modificação da superfície facilitam a libertação de fármacos em tecidos e órgãos específicos, abrindo novas vias para a medicina personalizada e as terapias regenerativas.

Capítulo 7:

Avanços recentes e tendências futuras

A cerâmica tem sido parte integrante da civilização humana há milhares de anos, servindo diversas aplicações que vão desde a olaria e a construção à eletrónica e aos cuidados de saúde. Os recentes avanços na ciência dos materiais, na nanotecnologia e nas técnicas de fabrico impulsionaram a cerâmica para novas fronteiras, oferecendo oportunidades sem precedentes de inovação e sustentabilidade. Este documento explora as últimas tendências e perspectivas futuras no domínio da cerâmica, centrando-se na nanotecnologia, no fabrico aditivo, nas práticas sustentáveis e nas aplicações emergentes. Ao elucidar o potencial destes desenvolvimentos, o nosso objetivo é lançar luz sobre o impacto transformador da cerâmica em várias indústrias e na sociedade em geral.

7.1 Nanotecnologia em cerâmica

A nanotecnologia revolucionou o campo da cerâmica, permitindo um controlo preciso das propriedades dos materiais, um melhor desempenho e novas funcionalidades. Ao manipular os materiais à nanoescala, os investigadores abriram novas possibilidades para melhorar a resistência mecânica, a estabilidade térmica, a condutividade eléctrica e as propriedades ópticas da cerâmica. Um dos principais domínios da nanotecnologia em cerâmica é a síntese de nanomateriais, tais como nanopartículas, nanofibras e nanocompósitos.

1. Nanopartículas: As nanopartículas, com dimensões que variam normalmente entre 1 e 100 nanómetros, apresentam propriedades únicas em comparação com as suas contrapartes a granel. Na cerâmica, as nanopartículas são incorporadas em materiais de matriz para melhorar as propriedades mecânicas, reduzir o tamanho do grão e melhorar a sinterabilidade. Por exemplo, a adição de nanopartículas como a alumina, a sílica ou o dióxido de titânio pode aumentar a dureza, a resistência à fratura e a resistência ao desgaste dos materiais cerâmicos. As nanopartículas também facilitam a densificação de corpos verdes cerâmicos durante a sinterização, conduzindo a uma maior resistência e a uma melhor microestrutura.

2. Nanofibras: As nanofibras, compostas por materiais cerâmicos como a alumina, a zircónia e o carboneto de silício, oferecem propriedades mecânicas, flexibilidade e uma relação área de superfície/volume excepcionais. Estas caraterísticas tornam as nanofibras ideais para reforçar compósitos cerâmicos e produzir materiais leves e de elevada resistência para aplicações aeroespaciais, automóveis e biomédicas. Ao alinhar as nanofibras em matrizes cerâmicas, os investigadores podem adaptar as propriedades mecânicas, térmicas e eléctricas dos compósitos para satisfazer requisitos de desempenho específicos.

3. Nanocompósitos: Os nanocompósitos, constituídos por nanopartículas cerâmicas dispersas num polímero ou numa matriz cerâmica, combinam as vantagens de ambas as fases para obter propriedades superiores. Nos nanocompósitos cerâmica-polímero, as nanopartículas aumentam a resistência mecânica, a estabilidade térmica e as propriedades de barreira, enquanto a matriz polimérica proporciona flexibilidade e processabilidade. Estes materiais híbridos encontram aplicações em revestimentos, membranas e componentes estruturais onde se pretende obter materiais leves, duradouros e resistentes à corrosão.

4. Aplicações emergentes: A nanotecnologia da cerâmica abre novas possibilidades para aplicações emergentes, como o armazenamento de energia, a catálise e a proteção do ambiente. Os nanomateriais cerâmicos, incluindo os óxidos metálicos, as cerâmicas à base de carbono e as estruturas de perovskite, estão a ser investigados para utilização em baterias de iões de lítio, células de combustível e supercapacitores, em que uma área superficial elevada e uma atividade eletroquímica são fundamentais. Além disso, as cerâmicas nanoestruturadas servem como catalisadores eficientes para reacções químicas, fotocatalisadores para a separação da água e adsorventes para a remoção de poluentes, respondendo aos desafios ambientais e fazendo avançar as tecnologias sustentáveis.

7.2 Fabrico aditivo (impressão 3D) de cerâmica

O fabrico aditivo, também conhecido como impressão 3D, surgiu como uma tecnologia disruptiva na indústria cerâmica, permitindo a prototipagem rápida e o fabrico personalizado de componentes cerâmicos complexos com geometrias intrincadas. Ao contrário dos métodos de fabrico tradicionais que se baseiam em processos subtractivos, como a maquinagem e a moldagem, o fabrico aditivo constrói objectos camada a camada a partir de desenhos digitais, oferecendo uma liberdade de desenho e uma eficiência material sem precedentes.

1. Jato de ligante: O jato de ligante é uma das técnicas de fabrico de aditivos mais utilizadas para cerâmica, em que um ligante líquido é depositado seletivamente num leito de pó de material cerâmico, camada a camada. Depois de cada camada ser depositada, o leito é baixado e uma nova camada de pó é espalhada, repetindo o processo até que o objeto desejado seja formado. O jato de ligante permite o fabrico de peças cerâmicas grandes e complexas com alta resolução e precisão dimensional, tornando-o adequado para prototipagem, ferramentas e produção em pequena escala.

2. Fusão em leito de pó: As técnicas de fusão em leito de pó, como a sinterização selectiva a laser (SLS) e a fusão selectiva a laser (SLM), utilizam um laser de alta potência para fundir seletivamente pós cerâmicos camada a camada, formando peças densas e totalmente consolidadas. Estas técnicas oferecem vantagens como alta resolução, acabamento superficial fino e excelentes propriedades mecânicas, tornando-as ideais para a produção de componentes cerâmicos funcionais para aplicações aeroespaciais, automóveis e médicas. No entanto, continuam a existir desafios na otimização dos parâmetros do processo, no controlo da porosidade e na garantia da pureza do material na fusão de cerâmica em leito de pó.

3. Extrusão de material: A extrusão de material, ou modelação por deposição fundida (FDM), envolve a extrusão de um filamento cerâmico termoplástico através de um bocal aquecido para uma plataforma de construção, onde solidifica camada a camada para formar o objeto desejado. Embora a extrusão de material ofereça simplicidade, preço acessível e acessibilidade, enfrenta limitações na obtenção de impressões de alta resolução e geometrias complexas em comparação com outras técnicas de fabrico aditivo. No entanto, a extrusão de material cerâmico é promissora para a criação rápida de protótipos, para fins educativos e para o fabrico personalizado em várias indústrias.

4. Materiais emergentes: O fabrico aditivo de cerâmica abre oportunidades para a exploração de novos materiais, incluindo cerâmicas avançadas, compósitos e vidros bioactivos. Os investigadores estão a desenvolver formulações cerâmicas personalizadas optimizadas para processos de fabrico aditivo específicos, permitindo um melhor desempenho, fiabilidade e funcionalidade. Por exemplo, as cerâmicas bioactivas que contêm fosfato de cálcio ou partículas de vidro bioativo podem ser impressas em 3D para fabricar implantes ósseos específicos para cada doente, com porosidade e caraterísticas de superfície adaptadas, promovendo a osteointegração e a regeneração de tecidos em aplicações ortopédicas.

7.3 Práticas sustentáveis no fabrico de cerâmica

À medida que a sustentabilidade se torna cada vez mais importante no fabrico, a indústria cerâmica está a adotar práticas amigas do ambiente para reduzir o impacto ambiental, conservar recursos e minimizar a produção de resíduos ao longo do ciclo de vida do produto. As práticas sustentáveis no fabrico de cerâmica abrangem o aprovisionamento de matérias-primas, o consumo de energia, a gestão de resíduos e a redução de emissões, com ênfase nos princípios da economia circular e nas tecnologias ecológicas.

1. **Seleção de matérias-primas:** Os fabricantes de cerâmica estão a explorar matérias-primas alternativas e fluxos de resíduos para minimizar a dependência de recursos virgens e reduzir a pegada ecológica. Ao incorporar materiais reciclados, subprodutos industriais e recursos naturais nas formulações cerâmicas, as empresas podem reduzir os custos de produção, diminuir o consumo de energia e mitigar a poluição ambiental associada aos processos de extração e extração. Além disso, o fornecimento de matérias-primas sustentáveis promove a conservação de recursos e fomenta a colaboração com as comunidades e fornecedores locais.

2. **Eficiência energética:** A melhoria da eficiência energética é uma prioridade fundamental para os fabricantes de cerâmica que procuram minimizar as emissões de carbono e reduzir os custos operacionais. As tecnologias avançadas de fornos, tais como queimadores de gás de alta eficiência, sistemas de recuperação de calor radiante e algoritmos inteligentes de controlo de processos, permitem poupanças de energia e otimização de processos em operações de queima de cerâmica. Além disso, as fontes de energia renováveis, como a solar, a eólica e a biomassa, estão a ser integradas nas instalações de produção de cerâmica para reduzir a dependência de combustíveis fósseis e promover a adoção de energias renováveis.

3. **Redução de resíduos:** A redução da produção de resíduos e a otimização da utilização de materiais são aspectos críticos do fabrico sustentável de cerâmica. As empresas estão a implementar sistemas de reciclagem em circuito fechado, tecnologias de valorização energética de resíduos e processos de recuperação de materiais para minimizar a eliminação em aterros e

maximizar a recuperação de recursos a partir de resíduos de produção, lamas e materiais de sucata. Através da implementação de princípios de fabrico optimizado e de iniciativas de melhoria contínua, os fabricantes de cerâmica podem otimizar os processos de produção, eliminar fluxos de resíduos e aumentar a eficiência dos recursos.

4. Avaliação do ciclo de vida: As metodologias de avaliação do ciclo de vida (LCA) são utilizadas para avaliar os impactos ambientais dos produtos cerâmicos do berço ao túmulo, incluindo a extração de matérias-primas, o fabrico, a fase de utilização e a eliminação em fim de vida. Ao quantificar o consumo de energia, as emissões de gases com efeito de estufa, a utilização de água e outros indicadores ambientais, as ACV fornecem informações sobre o desempenho ambiental dos materiais e processos cerâmicos, orientando a tomada de decisões para alternativas mais sustentáveis. Além disso, o conceito de ciclo de vida incentiva a otimização da conceção do produto, a substituição de materiais e estratégias de redução de resíduos para minimizar a pegada ambiental e aumentar a sustentabilidade do produto.

7.4 Aplicações e materiais emergentes

O campo da cerâmica está a assistir a um aumento do interesse em aplicações e materiais emergentes, impulsionado por avanços tecnológicos, exigências do mercado e necessidades sociais. Desde o armazenamento de energia e a remediação ambiental até aos dispositivos biomédicos e componentes aeroespaciais, a cerâmica está a encontrar novas aplicações em diversas indústrias, apoiadas pelo desenvolvimento de novos materiais, técnicas de processamento e concepções funcionais.

1. Armazenamento de energia: A cerâmica desempenha um papel crucial nas tecnologias de armazenamento de energia, tais como baterias, células de combustível e condensadores, onde a estabilidade a altas temperaturas, a resistência química e a condutividade eléctrica são essenciais. Materiais cerâmicos avançados, incluindo condutores de iões de lítio, electrólitos sólidos e óxidos de perovskite, estão a ser explorados para dispositivos de armazenamento de energia da próxima geração com melhor desempenho, segurança e sustentabilidade. Os eléctrodos, separadores e electrólitos à base de cerâmica oferecem oportunidades para melhorar a densidade energética, o ciclo de vida e a eficiência das baterias recarregáveis e dos sistemas de células de combustível, respondendo à procura crescente de soluções de energia limpa.

2. Remediação ambiental: Os materiais cerâmicos são adsorventes, catalisadores e membranas eficazes para aplicações de recuperação ambiental, incluindo o tratamento da água, a purificação do ar e a gestão de resíduos perigosos. Os filtros de cerâmica porosa, os compostos de carvão ativado e as nanopartículas fotocatalíticas removem contaminantes como metais pesados, poluentes orgânicos e agentes patogénicos das fontes de água, melhorando a qualidade da água e o saneamento. Além disso, os catalisadores e sorventes à base de cerâmica facilitam a degradação e a remoção de poluentes das emissões atmosféricas, dos efluentes industriais e das matrizes do solo, contribuindo para a proteção do ambiente e para os objectivos de desenvolvimento sustentável.

3. Dispositivos biomédicos: No domínio biomédico, as cerâmicas estão a ganhar proeminência como materiais de eleição para implantes, próteses, suportes de engenharia de tecidos e sistemas de administração de medicamentos. As cerâmicas bioactivas, como a hidroxiapatite, o fosfato de cálcio e o vidro bioativo, promovem a regeneração dos tecidos e a osteointegração em implantes ortopédicos e dentários, melhorando os resultados e a qualidade de vida dos doentes. Além disso, os suportes e revestimentos à base de cerâmica fornecem plataformas para o crescimento, diferenciação e regeneração de células em aplicações de medicina regenerativa, permitindo terapias personalizadas e transplantes de órgãos. Adicionalmente, as nanopartículas e microesferas de cerâmica são utilizadas como transportadores para a libertação controlada de fármacos, terapia direcionada e diagnóstico por imagem em aplicações farmacêuticas e de cuidados de saúde, fazendo avançar a medicina personalizada e as tecnologias de administração de fármacos.

4. Componentes aeroespaciais: As cerâmicas oferecem alternativas leves e de elevada resistência aos metais em aplicações aeroespaciais, onde o desempenho, a fiabilidade e a eficiência do combustível são fundamentais. Os compósitos de matriz cerâmica (CMC), reforçados com fibras como o carboneto de silício ou o carbono, apresentam propriedades térmicas e mecânicas excepcionais, o que os torna adequados para lâminas de turbinas, componentes de motores e sistemas de proteção térmica em aeronaves e naves espaciais. Além disso, os revestimentos cerâmicos e os escudos térmicos proporcionam isolamento térmico, resistência à corrosão e estabilidade aerodinâmica em ambientes extremos, aumentando a durabilidade e o desempenho das estruturas aeroespaciais e dos sistemas de propulsão. A adoção da cerâmica em componentes aeroespaciais contribui para a poupança de combustível, a redução das emissões e o prolongamento da vida útil das aeronaves, apoiando iniciativas de aviação sustentável e esforços de exploração espacial.

Capítulo 8:

Estudos de casos e perspectivas do sector

Há muito que as cerâmicas são veneradas pelas suas propriedades excepcionais, incluindo a elevada resistência, a estabilidade térmica e a resistência à corrosão, o que as torna indispensáveis em numerosas indústrias. Este documento apresenta uma exploração abrangente da cerâmica através de estudos de casos, perspectivas da indústria e colaborações interdisciplinares, lançando luz sobre as diversas aplicações e o impacto transformador dos materiais cerâmicos. Ao examinar as implementações bem sucedidas, os desafios e as oportunidades em todos os sectores, pretendemos elucidar o papel fundamental da cerâmica na promoção da inovação, da sustentabilidade e do avanço tecnológico na era moderna.

8.1 Estudos de caso:

1. Aplicações bem sucedidas da cerâmica 2.1 Componentes aeroespaciais Estudo de caso 1: Compósitos de matriz cerâmica em motores de aviões Um fabricante líder do sector aeroespacial adopta compósitos de matriz cerâmica (CMCs) para componentes de turbinas em motores de aviões comerciais. Ao tirar partido da resistência a altas temperaturas, da leveza e da resistência mecânica dos CMCs, a empresa consegue poupanças significativas de combustível, maior eficiência do motor e intervalos de manutenção alargados. A adoção de CMCs melhora o desempenho e a fiabilidade dos motores de aeronaves, reduzindo simultaneamente o impacto ambiental e os custos operacionais.

2. Dispositivos biomédicos Estudo de caso 2: Cerâmica bioactiva em implantes ortopédicos Uma empresa de dispositivos médicos desenvolve implantes cerâmicos bioactivos para aplicações ortopédicas, utilizando materiais como a hidroxiapatite e o vidro bioativo. As cerâmicas bioactivas promovem a regeneração óssea, a osteointegração e a estabilidade a longo prazo, conduzindo a melhores resultados para os doentes e a taxas reduzidas de insucesso dos implantes. Através de colaborações interdisciplinares com cirurgiões, engenheiros e cientistas de materiais, a empresa é pioneira em soluções inovadoras para cirurgia ortopédica e doenças músculo-esqueléticas.

3. Eletrónica e ótica Estudo de caso 3: Condensadores cerâmicos em eletrónica de consumo Um fabricante de eletrónica integra condensadores cerâmicos em smartphones, tablets e dispositivos portáteis para otimizar o armazenamento de energia e o processamento de sinais. Ao aproveitar a elevada constante dieléctrica, a estabilidade e as capacidades de miniaturização dos condensadores cerâmicos, a empresa melhora o desempenho dos dispositivos, prolonga a vida útil da bateria e garante a fiabilidade em aplicações exigentes. Através de investigação e desenvolvimento contínuos, a empresa mantém-se à frente das tendências do mercado e dos avanços tecnológicos na eletrónica de consumo.

4. Construção sustentável Estudo de caso 4: Azulejos cerâmicos na conceção de edifícios ecológicos Um gabinete de arquitetura incorpora azulejos cerâmicos fabricados a partir de materiais reciclados em projectos de construção sustentável, dando ênfase à eficiência energética, à qualidade do ar interior e à gestão ambiental. Ao adquirir ladrilhos cerâmicos de origem local e amigos do ambiente, a empresa reduz a pegada de carbono, conserva os recursos naturais e promove os princípios da economia circular na construção. Através de colaborações interdisciplinares com fabricantes, projectistas e peritos ambientais, a empresa oferece soluções inovadoras para a conceção de edifícios ecológicos e o desenvolvimento urbano sustentável.

8.2 Perspectivas do sector: Desafios e oportunidades

1. Perspetiva da indústria aeroespacial 1: Avanço da cerâmica para aplicações aeroespaciais Os fabricantes do sector aeroespacial enfrentam desafios para aumentar a produção, reduzir os custos e cumprir os rigorosos requisitos de desempenho dos componentes cerâmicos. No entanto, a indústria reconhece o potencial da cerâmica para permitir estruturas leves, resistência a altas temperaturas e eficiência de combustível em aeronaves e naves espaciais. Ao investir em investigação, desenvolvimento e otimização da cadeia de fornecimento, as empresas aeroespaciais aproveitam as oportunidades para inovar e diferenciar-se num mercado competitivo.

2. Perspetiva da Indústria Biomédica 2: Integração da Cerâmica em Dispositivos Médicos Os fabricantes de dispositivos médicos deparam-se com obstáculos regulamentares, problemas de compatibilidade de materiais e preocupações com a segurança dos doentes quando introduzem a cerâmica em aplicações biomédicas. No entanto, a indústria vê as cerâmicas como materiais promissores para implantes, próteses e sistemas de administração de medicamentos devido à sua biocompatibilidade, propriedades mecânicas e resistência à corrosão. Ao colaborar com agências reguladoras, prestadores de cuidados de saúde e instituições de investigação, as empresas de dispositivos médicos enfrentam os desafios e impulsionam a inovação em soluções de cuidados de saúde baseadas em cerâmica.

3. Perspetiva da Indústria Eletrónica 3: Aproveitamento da Cerâmica para o Fabrico de Eletrónica Os fabricantes de eletrónica debatem-se com interrupções na cadeia de fornecimento, problemas de controlo de qualidade e obsolescência tecnológica na incorporação de cerâmica em dispositivos electrónicos. Apesar dos desafios, a indústria reconhece que a cerâmica é um componente essencial para o armazenamento de energia, o processamento de sinais e a gestão térmica em smartphones, wearables e eletrónica automóvel. Através de parcerias com fornecedores de materiais, fabricantes de componentes e empresas de design, as empresas de eletrónica exploram novas aplicações e optimizam o desempenho utilizando materiais cerâmicos avançados.

4. Perspetiva da indústria da construção 4: Adotar a cerâmica sustentável na conceção de edifícios As empresas de construção encontram barreiras à adoção da cerâmica sustentável, incluindo considerações de custo, disponibilidade limitada de materiais ecológicos e resistência à mudança nas práticas de construção tradicionais. No entanto, a indústria vê a cerâmica sustentável como parte integrante da obtenção de certificações de edifícios ecológicos, do cumprimento de requisitos regulamentares e da resposta a preocupações ambientais. Ao colaborar com arquitectos, promotores e agências governamentais, as empresas de construção impulsionam a procura de cerâmica sustentável no mercado e são pioneiras em soluções inovadoras para o desenvolvimento urbano sustentável.

8.3 Exemplos de investigação e colaboração interdisciplinares

1. Ciência e Engenharia de Materiais Exemplo 1: Investigação em colaboração sobre compósitos cerâmicos avançados Uma equipa multidisciplinar composta por cientistas de materiais, engenheiros mecânicos e modeladores computacionais colabora em projectos de investigação para desenvolver compósitos cerâmicos avançados com microestruturas adaptadas e propriedades optimizadas. Ao combinar técnicas experimentais, simulações computacionais e métodos de caraterização de materiais, a equipa elucida as relações estrutura-propriedade dos materiais cerâmicos e acelera a conceção e otimização de compósitos da próxima geração para aplicações aeroespaciais, automóveis e energéticas.

2. Engenharia Biomédica e Medicina Regenerativa Exemplo 2: Colaboração Interdisciplinar em Suportes de Tecidos à Base de Cerâmica Um esforço de colaboração entre engenheiros biomédicos, cientistas de biomateriais e médicos centra-se no desenvolvimento de suportes à base de cerâmica para aplicações de engenharia de tecidos e medicina regenerativa. Através da integração de cerâmicas bioactivas, polímeros biodegradáveis e técnicas de cultura de células, a equipa fabrica suportes com porosidade controlada, resistência mecânica e química de superfície para apoiar o crescimento celular, a regeneração de tecidos e o transplante de órgãos. Através de estudos pré-clínicos e ensaios clínicos, a colaboração interdisciplinar faz avançar o campo da medicina regenerativa e leva terapias inovadoras a doentes de todo o mundo.

3. Um consórcio de investigação interdisciplinar que inclui cientistas do ambiente, químicos e engenheiros de materiais colabora em projectos para combater a poluição ambiental e remediar locais contaminados utilizando materiais à base de cerâmica. Ao desenvolver adsorventes, catalisadores e sistemas de filtragem baseados em nanopartículas cerâmicas, o consórcio aborda desafios como a contaminação por metais pesados, a poluição do ar e os agentes patogénicos transportados pela água. Através de experiências laboratoriais, ensaios de campo e defesa de políticas, a colaboração interdisciplinar contribui para os objectivos de desenvolvimento sustentável e promove a proteção ambiental em todo o mundo.

4. Design e arquitetura Exemplo 4: Design colaborativo de produtos cerâmicos sustentáveis Um esforço de colaboração entre designers, arquitectos e fabricantes de cerâmica centra-se na conceção de produtos cerâmicos sustentáveis para design de interiores, mobiliário e acessórios para a casa. Ao incorporar princípios de economia circular, biomimética e design centrado no utilizador, a equipa cria produtos cerâmicos inovadores com baixo impacto ambiental, apelo estético e versatilidade funcional. Através da experimentação de materiais, prototipagem e pesquisa de mercado, a colaboração interdisciplinar impulsiona a inovação no design de cerâmica e molda as preferências dos consumidores por produtos sustentáveis no mercado global.

Capítulo 9:

Lista de símbolos e abreviaturas

CMC - Compósito de matriz cerâmica

SEM - Microscopia Eletrónica de Varrimento

TEM - Microscopia Eletrónica de Transmissão

XRD - Difração de raios X

AFM - Microscopia de Força Atómica

HV - Dureza Vickers

MPa - Megapascal

°C - Grau Celsius

GPa - Gigapascal

μm - Micrómetro

ppm - Partes por milhão

μs - Microssegundo

kHz - Kilohertz

nm - Nanómetro

Capítulo 10:
Referências

- "Introduction to Ceramics" por W. D. Kingery, H. K. Bowen, e D. R. Uhlmann
- "Materiais Cerâmicos: Ciência e Engenharia" de C. Barry Carter e M. Grant Norton
- "Cerâmica para principiantes: Getting Started with the Basics" de Stephanie Wynne-Jones Artigos de periódicos:
- "Recent Advances in Engineering Ceramics" por T. Ohji e M. Singh (Annual Review of Materials Research, 2006)
- "Nanotechnology in Ceramics: From Fabrication to Applications" de A. K. Mukhopadhyay et al. (Journal of the American Ceramic Society, 2020)
- "Advances in Additive Manufacturing of Ceramics", por T. G. Hegab et al. (Materials Today Chemistry, 2021)
- "Bioceramics: From Bone Regeneration to Drug Delivery" por M. Vallet-Regí et al. (Advanced Healthcare Materials, 2021) Sítios Web:
- Revista da Indústria Cerâmica (https://www.ceramicindustry.com)
- Sociedade Americana de Cerâmica (https://ceramics.org)
- Ceramic Tech Today (https://ceramics.org/category/ceramic-tech-today)

Printed by Books on Demand GmbH, Norderstedt / Germany